高等院校艺术设计类"十三五"规划教材

总主编 陈 健

LANDSCAPE DESIGN
SKETCHING

景观设计手绘表现

高贺 胡家强 杨淘 编著

U0311162

中国海洋大学出版社
·青岛·

图书在版编目（CIP）数据

景观设计手绘表现 / 高贺，胡家强，杨淘编著. — 青岛：
中国海洋大学出版社，2017.8
ISBN 978-7-5670-1573-9

Ⅰ. ①景… Ⅱ. ①高… ②胡… ③杨… Ⅲ. ①景观设
计－绘画技法 Ⅳ. ① TU986.2

中国版本图书馆 CIP 数据核字(2017)第 230398 号

出版发行	中国海洋大学出版社
社　　址	青岛市香港东路 23 号　　　　邮政编码　266071
出 版 人	杨立敏
网　　址	http://www.ouc-press.com
电子信箱	tushubianjibu@126.com
订购电话	021-51085016
责任编辑	由元春　　　　　　　　　　电　　话　0532-85902495
印　　制	上海长鹰印刷厂
版　　次	2017 年 12 月第 1 版
印　　次	2017 年 12 月第 1 次印刷
成品尺寸	210 mm×270 mm
印　　张	8
字　　数	175 千
印　　数	1—3000
定　　价	52.00 元

前言

　　对于从事景观设计的设计师而言，手绘表现贯穿创意、设计、表达等设计工作的全部过程。对于高等院校景观设计专业的学生而言，景观设计手绘表现是一门重要的基础课程，它衔接并贯穿专业培养的各个环节。通过这门课程的学习与训练，学生不仅可以掌握专业绘图的基本方法，更可以培养自身的专业思维能力、设计审美能力以及创意设计能力等。因此，首先要掌握正确的手绘学习方法，继而进行扎实的专业手绘训练，最终打下坚实的专业设计基本功是十分必要的。

　　目前，市场上关于各 类专业手绘表现的书籍众多，但大多以案例、手绘效果图的集中整理为主，且图片老的老，新的新，质量良莠不齐，风格也不尽统一，书目及讲解的方式也大多雷同、老套。以笔者多年从事专业手绘教学的经验来看，这样的情况对尚缺乏辨识能力的初学者尤为不利。曾有很多学生拿着各种各样的手绘资料来问我是否可以临摹，那我的回答是："学生应该首先具备专业辨识能力，然后有方法、有步骤地进行专业手绘基本功训练，不可盲目临摹，也不可好高骛远，切忌在尚不会走的情况下就要去跑。"因此，在专业手绘学习的道路上，教师应引导学生建立正确的学习方法。正所谓：授人以鱼，不如授之以渔！

　　本教材注重手绘的学习方法，为笔者多年从事专业设计及手绘教学的经验、资料总结，本书内容的编写遵循由浅入深、循序渐进的原则。全书共分为 5 章：第 1 章景观设计手绘表现概述，旨在建立初学者对专业手绘的正确认识；第 2 章景观设计透视方法与规律和第 3 章景观设计手绘表现技巧，旨在学习基本透视的制图方法，分解各个景观要素的表现技巧，为综合表达训练打下基础；第 4 章景观设计手绘表现训练方法，是全书的重点，不仅针对透视效果图，而且将景观平面图、立面图同样作为重点进行详细讲解剖析，为投入实践工作打下全面而坚实的表现基础；第 5 章景观设计手绘表现优秀案例，为学习者提供了大量丰富且翔实的手绘案例，具有专业覆盖面全，并能代表目前国内较新、较高专业水平的特点，适合学习者进行系统临摹。

　　作为景观手绘学习的教材和指导用书，本书具有以下三大突出特点：第一，对训练方法的探讨具有独创性；第二，针对实际工作需求进行手绘训练，分为平面、立面与效果图表现三大块；第三，本书选图均经过笔者精心筛选，入选资料详实且适合初学者临摹使用。本书所选图例来自作者多年的学习、工作及教学积累，除作者自绘以外，还包括优秀学生作品、优秀教师及同行作品、国内优秀设计公司作品，仍然有少数作品来自于网络。对于本书所采用的图例，笔者尽量注明归属，未尽之处还请各方海涵，在此表示深切歉意，同时向各位致以最真挚的谢意！

　　由于作者水平有限，书中不足之处在所难免，恳请专家和读者批评指正。

编 者

2017年6月

教学导引

一、教材使用范围

    景观设计手绘表现是景观设计专业学生的必修基础课程之一，本教材所涉及内容旨在讲解景观设计手绘表现的基本技法及科学的训练方法。课程的组织以循序渐进的手绘训练为主导，将景观设计手绘表现进行详细的解构式讲解，并从细节到整体分门别类地进行梳理，方便读者理解。本教材在编写的过程中尤其重视对手绘的正确认识及学习方法的强化，有助于学生快速入门并打下坚实的基础，为景观专业设计铺平道路。本教材适用于高等院校景观设计专业师生，是相关课程的教学参考用书，同时对社会上从事本专业的设计人员也具有一定的参考价值。

二、教材学习目标

    1.正确认识景观设计手绘表现的目的和意义。

    2.具备对景观设计手绘表现的基本鉴赏能力。

    3.了解并掌握景观设计手绘表现的透视画法及绘图理论。

    4.了解并掌握景观设计手绘表现的绘图技巧及表现手法。

    5.学习并掌握景观设计手绘表现的训练方法。

三、教学过程参考

    1.理论讲解。

    2.案例剖析。

    3.手绘演示。

    4.作业完成与反馈。

四、教学建议实施方法

    1.课堂演示。

    2.理论讲解。

    3.案例剖析。

    4.作业评判。

建议课时数   总课时：72

章 节	内 容	理论学时	课内实训
第 1 章	景观设计手绘表现概述	4	4
第 2 章	景观设计透视方法与规律	8	12
第 3 章	景观设计手绘表现技巧	8	16
第 4 章	景观设计手绘表现训练方法	8	8
第 5 章	景观设计手绘表现优秀案例	2	2

第1章 景观设计手绘表现概述

1.1 正确理解"手绘"的意义

"手绘表现的核心价值并非效果图的真实,而是实实在在的设计!"

在学习手绘之前,我们必须正确认识手绘表现的真正意义——手绘以设计为最终目的,反复强调这一观点是因为很多学生在学习手绘之初总不免陷入效果图表现的误区:他们格外重视线条、图面风格以及表现技巧等,而当开始进行设计时却感到大脑空空如也,什么也画不出来。这就是为了"手绘"而"手绘"的结果,往往与设计背道而驰。脱离了"设计"谈"手绘","手绘"将变得毫无意义。

手绘表现不仅仅是画出一幅完整的效果图,也不完全在于对某种工具表现技法的学习,手绘表现是设计师进行创意设计的首要途径,在此过程中,手、脑、眼将达到高度统一,在第一时间将设计师头脑中的灵感传输记录于纸面。因此,手绘的过程应该是一种不自然流露的状态,而非刻意地强调线条、风格、技法等。

在进行创意设计的工作时,设计师的手绘常态是绘制草图。草图最主要的作用是记录设计意图或进行设计沟通(图1-1)。因此,准确地表达设计是手绘草图的关键,也只有在这样的前提下探讨线条的准确流畅以及表现技法等才有意义。也就是说,如果你可以在设计过程中随时进行快速、准确、清晰且完美的手绘表达,这时候你才算是掌握手绘这项基本的专业技能了。

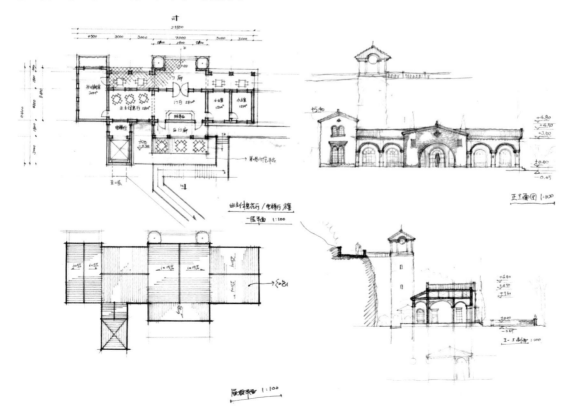

图1-1 居住区会所设计草图 王鹤绘

　　然而，要达到这样的程度并非易事。我们不仅要进行长期的设计学习、积累，还要在掌握正确的手绘训练方法的前提下进行持之以恒且艰苦卓绝的训练。

1.2 以大师为榜样，建立正确的训练方法

　　学习手绘表现的基本训练方法无外乎临摹。然而，临摹也需要讲求方法，不然即便你临摹一百张也会收效甚微。在笔者的景观设计手绘表现课程教学中，通常会采用一种专门的手绘训练方法——"以大师为榜样"的草图训练法。

　　如图1-2，是我国建筑大师梁思成先生在就读于宾夕法尼亚大学、哈佛大学期间研习西方建筑史的英文学习笔记，他用数百张钢笔手绘草图总结了对西方建筑的学习过程（在此摘录其中几张），记录了大量西方建筑及其精美的雕塑、装饰艺术的局部。这样坚实的基本功训练为日后梁思成先生研究中国古代建筑并著成我国第一部《中国建筑史》打下了坚实的基础。建筑大师尚且如此！这样的学习精神和方法应该为后辈的学习者们提供经验与借鉴，同学们应该以大师为榜样，进行持之以恒且艰苦卓绝的训练。

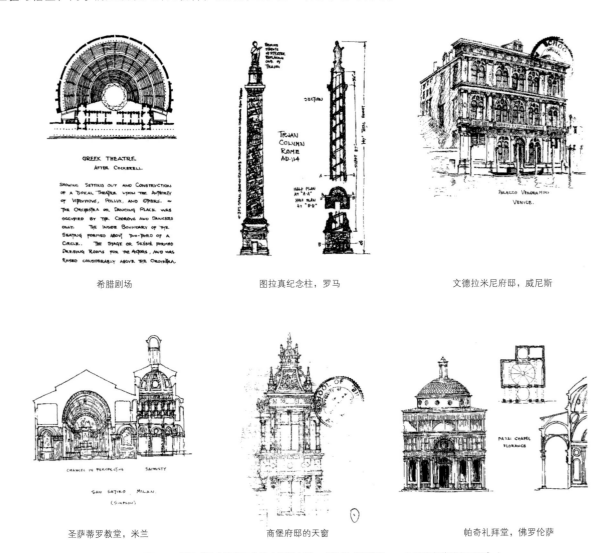

希腊剧场　　　　　　　　图拉真纪念柱，罗马　　　　　　　　文德拉米尼府邸，威尼斯

圣萨蒂罗教堂，米兰　　　　　　　商堡府邸的天窗　　　　　　　帕奇礼拜堂，佛罗伦萨

图1-2　梁思成的建筑学习笔记（资料来源：《梁思成建筑画——中国著名建筑师画系》）

　　如图1-3，是学生进行草图训练的几张优秀作品。按照"以大师为榜样"的训练方法，学生按要求每天绘制一张A4页面的钢笔草图。这就需要他们在绘图之前首先查阅资料，阅读大量优秀的设计案例，然后以草图的形式有选择性地对优秀设计案例进行记录、总结。这不仅是训练手绘的方法，也是积累设计的方法，更是培养学生良好设计思维、设计能力与学习习惯的好方法。经过一段时间的训练，学生的手绘能力通常都能够获得比较显著的进步。

图1-3　草图训练作业　常镇麟绘

1.3 提升鉴赏能力，寻找正确的学习途径

　　与过去相比，在信息化时代的今日我们可以通过各种途径寻找到海量的学习资料，而其造成的负面结果则是大量的信息往往会干扰学习者做出正确的判断。因此，提升专业的鉴赏能力，在海量的学习资料中做出正确的选择，拒绝盲目临摹，对于初学者而言尤为重要。

　　初学者所选择的临摹素材，万不可求新、求奇、求快、求风格。要知道，手绘表现的形式并不重要，手绘表现的内容才最关键。初学者在开始学习手绘时，应以内容的完整、准确表达为核心，尽量摒弃一些华而不实的表现技法，这样有助于掌握扎实的绘图基本功。因此，在正式临摹景观手绘效果图之前，通常会要求学生先进行风景素描临摹的训练（图1-4）。仅利用最简单的工具——铅笔及线稿笔深入刻画景物，而并非注重表现风格、形式、技法等，这种训练方法有助于学习者深入研究并理解空间、结构及体块关系等，从而建立手绘的基本概念。

图1-4 风景素描临摹作业 曹祎绘

近些年，由于计算机辅助绘图技术的介入，手绘表现的方法与过去相比已经发生了很大的变化，逐步向更加便携、快速、综合的表现方向发展。最初借鉴于西方国家的表现方法，如水粉、水彩、喷绘等已经在很大程度上被更具真实效果的电脑绘制图所取代。传统的风景、建筑手绘图具有透视更加严谨、准确，表现更加深入、细致等特点，是利用手绘技术在最大程度上模拟真实效果的方法，具备极其扎实的专业手绘基本功（图1-5）。因此，在国内很多传统美院的手绘、设计课程中仍有对传统绘图方法的训练（图1-6），这有助于建立扎实的手绘基础，同时对于快速表现技法的控制也会更加轻松。

图1-5 传统的风景建筑手绘图（资料来源：《建筑表现艺术3》）

图1-6　景观手绘水粉表现技法训练　马世武绘

如今，手绘已经进入快速表现的时代，以马克笔、彩铅、电脑绘图板等材料的表现方法为主。同时，由于国内外各类从业人员对手绘快速表现不断地进行研究，很多设计公司也不断地推出优秀的设计手绘图集，从而使手绘市场上呈现百家争鸣的局面，各类风格、技法的手绘作品不断涌现（图1-7），学习者在阅读大量手绘作品的基础上能够培养尖锐独到的眼光和专业鉴赏能力显得尤为重要。

图1-7　EDSA公司快速表现手绘作品，用色大胆，笔法娴熟，装饰味浓厚，风格极为突出

1.4 景观手绘初步，全面了解绘图工具

手绘学习从全面认识和了解绘图工具开始。目前市面上的各类手绘工具琳琅满目，这里我们主要依据专业绘图特性和正确的绘图习惯，有针对性地介绍绘图工具。

1.4.1 准备工作

在训练开始前，一般要求同学先做好准备工作——裱纸。将A2或A3的绘图纸用水溶胶带工整地裱在画板上，这样有利于绘图的准确性及画面的整洁度。很多人没有这样的习惯，在绘图过程中纸张随画随转，导致最后线条不准、图面模糊、纸张弯折，这种不正确的绘图习惯会对最终的画面效果产生非常不利的影响。

1.4.2 纸张的选择

目前，可用于手绘的纸张种类繁多。这里列举常用的几种。

复印纸：适合平常练习及快速表现，建议选择80克厚度。

硫酸纸：有厚薄、软硬之分，呈半透明特性，比较适合绘制草图或在有透制底图需要时使用。值得注意的是，由于硫酸纸表面光滑，因此对马克笔色彩饱和度的呈现会有所减弱。

初学者绘制正图建议使用素描纸或水彩纸。这类纸张有一定厚度，吸水性强，适合多遍上色和深入表现。

1.4.3 尺类的选择

一把T形尺与一块中型号的等腰直角三角板是最完美的搭配组合。等腰直角三角板有利于单手进行灵活控制，与卡在画板边缘处的T形尺配合，可以画出准确的水平线与垂直线。

圆形模板也是绘制景观手绘图常用的尺类，用于快速、准确地表现平面树木。

1.4.4 笔类的选择

在这里我们只介绍快速表现的笔类选择。

线稿绘图阶段要用到铅笔与墨线笔。铅笔的选择要点是软硬适中，以削尖的2B铅笔为宜。铅笔太硬会划纸，在反复绘图过程中容易留下笔印；铅笔太软会模糊画面，使画面较脏。墨线笔的选择要点在于区分线型，一般选择0.1mm、0.3mm和0.5mm三种线型即可。

图纸上色阶段要用到马克笔与彩铅。马克笔的选择关键在于颜色，应根据景观手绘效果图的主要表现内容进行选择。首先，选择饱和度较低的暖色和灰色表现铺装；其次，选择丰富的绿色表现树木；最后，选择由浅入深的蓝色表现天空和水体（图1-8）。彩色铅笔一般选择36色套装且软硬适中的品牌即可。

用于绘制景观树木的常用色，以绿色为主，可间以蓝色，黄色用于表现秋景

景观手绘图中的天空及水体常以蓝色表现，重色可压阴影及边缘处

在景观手绘图中，灰色系最为常用，可以和任何颜色叠加使用以表现不同材质

在景观手绘图中，可以选择饱和度较低的暖色或叠加灰色表现铺装及其他硬质材料，土黄、土红等色系常用于表现防腐木铺装

在景观手绘图中，可以用少量亮色表现植物花卉，使用恰当能够使画面生动、活跃，增强对比度

图1-8　景观手绘马克笔择色卡

第2章 景观设计透视方法与规律

初学者刚开始学习手绘时很容易被徒手画的生动线条所吸引。在这一阶段，如果缺少专业教师的正确引导，很多人会主动绕过"麻烦"的透视训练，直接去临摹绘制那些由生动线条和巧妙技法所组成的画面。如果是这样，那么你就已经开始在手绘学习的道路上走弯路了。要知道，想要画出生动而准确的线条一定要经过长期训练，具备过硬的基础透视能力和娴熟的表达技巧，能够轻松地掌控画面并表现出令人陶醉的设计效果。

手绘效果图的表现目的是依据设计方案，科学地运用透视原理，准确地表现出方案设计中的空间形态和各设计要素的形态、关系等，更好地体现设计内容。因此，严谨的透视是最基本的前提和保证。对初学者来说，手绘学习初级阶段的一大难题便是掌握准确的透视关系，错误的透视会让画面看上去极不舒服，初学者不忠于或过分拘泥于透视方法的态度都是不可取的。因此，初学者首先要牢固掌握透视方法并进行一段时间艰苦卓绝的巩固训练，为自己打造出一双能够把握空间准确性的眼睛。

2.1 透视的概念

透视，指用线条或色彩在平面上表现立体空间的方法。构成视觉的数据有色、点、线、轮廓及阴影等，这些数据在视觉中不断发生变化。假设在人眼与视觉数据中间建立一个平面，如何运用科学的方法将三维空间中由于位置、距离、高低、方向、角度等不同原因而产生视觉变形的数据准确投射于平面之上，这就需要运用透视的方法。其原理与照相技术相同，绘制透视图是在二维平面上再现三维空间的数据信息在透视中被看到的形状（图2-1）。

绘图中常用的透视方法有一点透视、两点透视与倾斜透视。不同的透视法与构图形态有着直接关联。本书不再赘述透视的成像原理及室内设计的透视画法，而是针对景观设计的透视方法及技巧进行讲解。

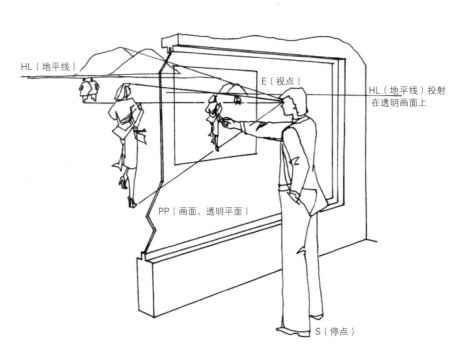

图2-1 透视的概念示意图（资料来源：《绘画设计透视学》）

2.2 透视学基本术语

了解透视学的相关术语是学习透视的基本前提。我们首先要知道透视图中经常出现的构成要素有哪些，并且知道它们在透视图绘制过程中的重要作用（图2-2）。

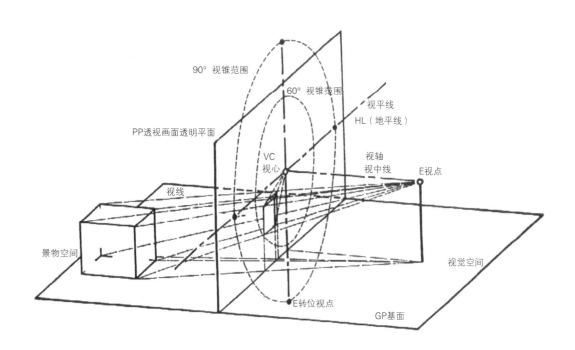

图2-2　透视学基本术语示意图（资料来源：《绘画设计透视学》）

① 透视画面：视觉空间与景物空间之间的成像平面。

② 基面（或称为水平面）：景物空间主要物象的放置平面。

③ 地平线（或称为视平线）。

地平线是我们通常看到的天地交界线，是一种客观的视觉现象，在透视画面上往往用一条水平线表示，平视情况下地平线与视平线重合。地平线是透视画面的基本构成要素，一般用HL（Horizon Line）表示。

④ 视点与视心。

视觉空间中观者眼睛的位置为视点，将视点垂直投射于透视画面上的点为视心。视心是透视画面的基本构成要素，一定位于视平线上，一般用VC（Visual Center）表示。

⑤ 视轴与视距。

视点与透视画面的垂直连线即为视轴，也就是视觉空间中视点与视心的连线。通常将视轴的长度称为视距，以视距为轴落于透视画面上会得到转位视点的位置，此范围控制画面的90°视域。转位视点是透视画面的基本构成要素，一般用 E（Eye Point）表示。

⑥ 取景框与60°视域圈。

以视点为中心的60°视锥投射于透视画面上的范围称为60°视域圈。在此范围内，视觉清晰并且透视画面稳定。取景框则是在透视画面上裁剪不超出 60° 视域圈的方形取景范围。绘图通常以取景框和 60° 视域圈作为构图中心。

⑦ 原线、变线、消点与消线。

在透视画面上与其平行，并且不产生透视变化的线称为原线；相反，不与透视画面构成平行关系，并且产生视觉上透视变化的线称为变线。透视画面上所有变线按消失方向隐灭于一点，这点称为消点；透视画面上向消点方向消失的线称为消线。

2.3 景观设计透视方法与规律

2.3.1 一点透视

（1）一点透视的概念

一点透视，又称为平行透视。当景物空间中方形景物的一组面与透视画面构成平行关系时则为此类透视。方形景物中与画面构成平行关系且不发生透视改变的线称为原线，方形景物中与画面构成垂直关系且产生透视变化的线称为变线。根据一点透视原则，透视画面中所有变线最终消于一点（图2-3）。一点透视具有集中、对称、稳定、纵深感强等特点。

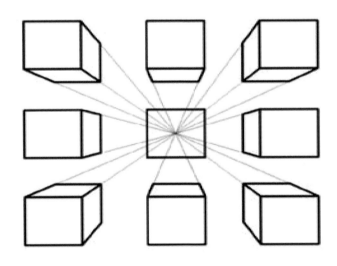

图2-3 一点透视示意图

（2）建立一点透视画面的构成要素

绘制一点透视图首先要建立透视画面构成要素。主要包括：视平线与视心、视高、取景框、视距、转位视点、测点等（图2-4）。

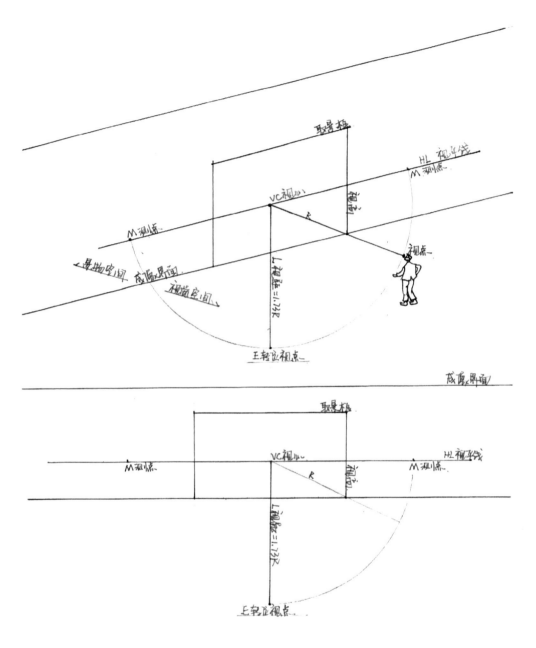

图2-4　一点透视画面构成要素的建立

① 视平线与视心的确定。

绘制透视图首先要在纸面上确定视平线与视心的位置。

首先，视心代表视线汇聚的焦点，它一定在视平线上面，且最好不要设置于画面之外，否则会影响构图及画面的完整性。其次，视平线是所要表达空间中与眼睛在同一高度上的线，它的位置决定了人眼不同的观察高度，会产生不同的透视效果。在景观设计的透视表现图中，由于场景较大，因此视平线与视点的位置较为灵活，变化较大。

② 视高的确定。

视高的确定依据为景物空间中物象的大小、展示的程度及构图的要求。在一点透视图中，常用的视高高度为一人左右，即1.5~1.7米。透视图中的尺度单位一般以视高人为单位。

③ 取景框、视距与转位视点的确定。

取景框，我们可以理解为正常图面的范围。取景框应收摄 60° 视域范围内的景物，否则会产生畸形现象。视距的长度等于视心到转位视点的长度，要确保取景框反映 60° 视域范围内的景物，视距的长度应为视心至取景框最远角的1.73倍，将此长度以视心为中心落在其两侧的视平线上便获得了测点的位置。视心到测点的长度等于视心到转位视点的长度，也就是视距的长度。测点对于接下来确定画面中变线的尺度变化规律具有重要意义。

（3）一点透视的绘制方法

绘制一点透视图首先应该建立空间尺度辅助线。与室内设计透视图的画法相同，景观透视图应首先准确绘制图面中原线与变线的尺度辅助线，以此为依据建立景物空间物象的尺度与比例关系。不同的是，景观透视图表现场景较大，且没有室内透视图中那样明确的墙面做空间围合。

下面，我们练习一点透视图中空间尺度网格线的绘制方法，这是准确绘制复杂景物的基本前提。

步骤一：首先建立一点透视的基本构成要素，包括视平线、视心、视高、视距、取景框、转位视点与测点等图面构成要素（图2-5）。

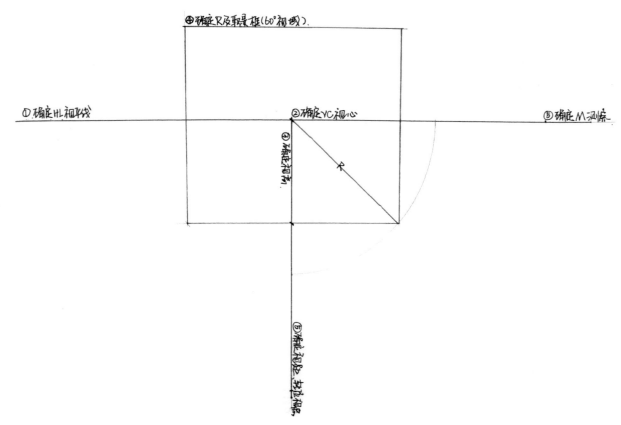

图2-5　一点透视绘制步骤一

步骤二：在1人视高处画一条原线，根据构图确定原线的起始点，并在其上画出4人点距，以视心连接原线的起始点与末尾点便获得两条边界消线，再将右边测点M与原线的末尾点相连，在它与消线相交点处引原线，便绘制出地面上4人×4人的景深区域（图2-6）。

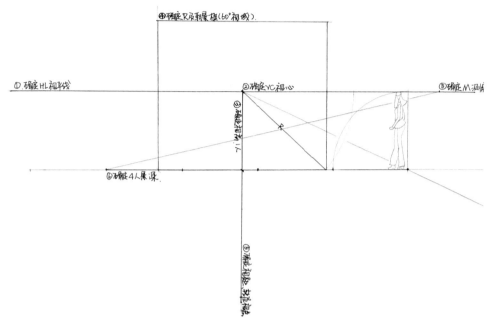

图2-6　一点透视绘制步骤二

步骤三：依次连接视心与距点并延伸，在获得的消线与从M测点引出的线相交点处画水平原线，这样便绘制出了地面上4人×4人的景深区域分格。每一方格尺寸为1人×1人（图2-7）。

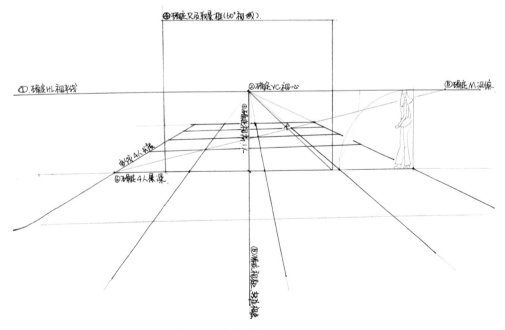

图2-7　一点透视绘制步骤三

步骤四：以此距点法对4人×4人以外区域稍作延伸，形成较大范围的地面网格线，辅助进一步绘图。取景框内透视稳定，取景框外会产生一定程度的变形（图2-8）。

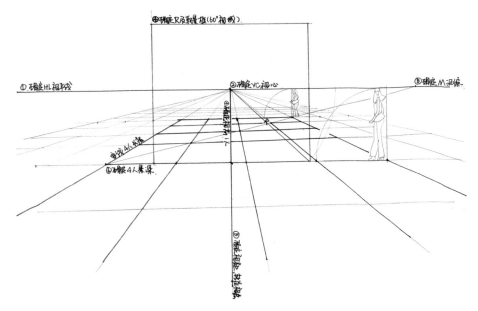

图2-8　一点透视绘制步骤四

（4）一点透视的规律

绘制透视效果图时，地平线、视心、视高以及测点M，其中任何一个透视要素的变化都会引起图面整体透视关系的改变。我们必须经过大量的练习与实验，才能准确控制透视要素的位置，从而把握图面的透视关系。

下面，我们将通过一些练习来总结景观设计一点透视的变化规律。

如图2-9，绘图比较：在其他透视画面构成要素不变的情况下，视高的改变会影响地面上的景深区域。当设定视高为1cm时，7人×7人的景深区域为透视画面上的蓝色部分；当设定视高为2cm时，7人×7人的景深区域为透视画面上的红色部分；当设定视高为3cm时，7人×7人的景深区域为透视画面上的黑色部分。

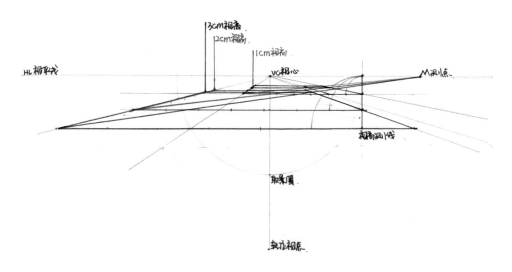

图2-9　一点透视规律演示图1

如图2-10，绘图比较：在其他透视画面构成要素不变的情况下，测点位置的改变会影响地面上的景深区域。测点M₁距离VC视心较近，7人×7人的景深区域为透视画面上的黑色部分；当测点M₂、M₃依次变化，则形成的7人×7人的景深区域分别为透视画面上的红色与蓝色部分。同时，90°视域圈的范围也随之变化。

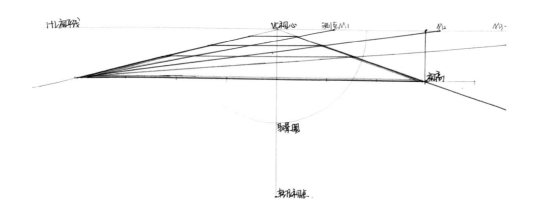

图2-10　一点透视规律演示图2

　　如图2-11，依据平面布置图在7人×7人的景深区域内绘制一组简单景物的透视图。当提高视平线的位置时，透视图呈现俯视的效果。

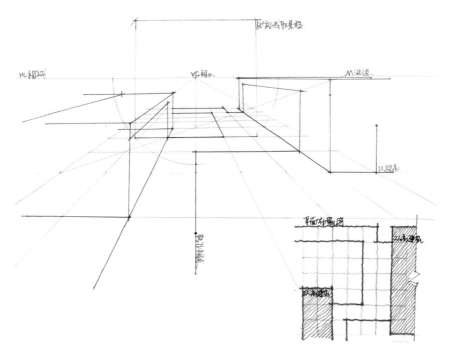

图2-11　一点透视规律演示图3

如图2-12，依据平面布置图绘制相同景物，当改变视平线与视高时，视点的观看位置发生改变，透视效果也发生改变。

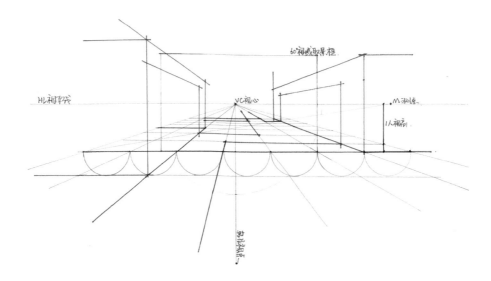

图2-12　一点透视规律演示图4

如图2-13，依据平面布置图绘制相同景物，当改变视心位置时，安全视域范围随之移动。视心偏左，右侧景物展现充分，反之亦同。

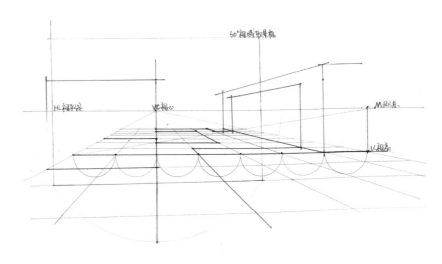

图2-13　一点透视规律演示图5

2.3.2 两点透视

（1）两点透视的概念

两点透视，又称为余角透视。当景物空间中方形景物的两组面与画面构成余角关系时则为此类透视。两点透视画面中，两组主体变线与高度原线分别构成两组，通过两个灭点控制空间中两组面的主体变线（图

2-14）。与一点透视相比，两点透视表现范围小，对称感及纵深感弱，但画面较为生动活泼。

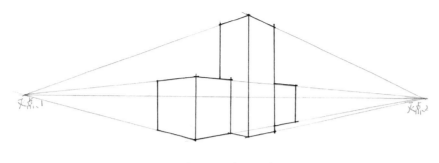

图2-14　两点透视示意图

（2）建立两点透视画面的构成要素

绘制两点透视图首先要建立透视画面构成要素。主要包括：视平线与视心、视高、取景框、视距与转位视点、主体变线的消点、测点等（图2-15）。

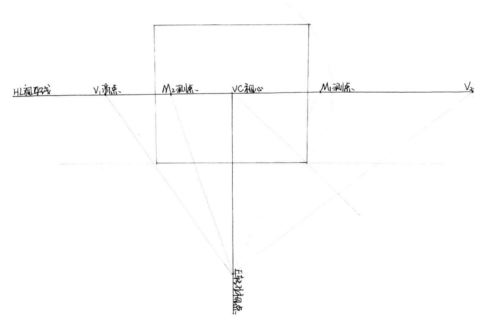

图2-15　两点透视画面构成要素的建立

① 视平线与视心的确定。

绘制两点透视图首先应该确定视平线与视心在透视画面中的位置。两点透视中的视平线同样是所要表达空间中与眼睛在同一高度上的线，它的位置决定了人眼不同的观察高度，会产生诸如仰视、平视或俯视等不同的透视效果。在两点透视图中，视心虽不作为主体变线的消点，但它仍然控制画面中心，是注意力集中的地方，往往视心的位置确定后才能确定主体变线的消点。视心的位置一定在视平线上，视心与视平线的位置控制画面构图的形式美感。

② 视高的确定。

与一点透视相同，在两点透视图中常用的视高高度为一人左右，即1.5～1.7米。透视图中的尺度单位一般以视高人为单位。

③ 取景框、视距与转位视点的确定。

取景框应取摄在60°视域范围内的正常视距，这样取景框内反映的景物才不会出现变形。只有保证取景框与视距的固定关系才能实现取景框内景物的正常透视。这种固定关系即将视点与取景框最远角距离的1.73倍长度作为视距，将此长度落于视心垂线上，即获得转位视点的位置。转位视点对进一步确定画面空间主体变线的消点及测点起到至关重要的作用。

④ 主体变线消点的确定。

在两点透视图中，主体变线的消点一定在视平线上，并且分别位于视心两侧。主体变线的消点分别与转位视点连接必定构成直角三角形。主体变线的消点距离视心较远的一侧表现面域大，反之亦同。

⑤ 测点的确定。

与一点透视相同，在两点透视中测点的确定也尤为重要，它对于接下来确定画面中变线的尺度变化规律具有重要意义。我们必须借助于测点建立空间的尺度网格，并以此为依据进一步绘制空间中各景物的尺度、比例关系。测点的获取方法是分别以消点为中心，以消点到转位视点之间的距离长度为半径画圆，落于视平线上则获得两点透视图中的两个测点。

（3）两点透视的绘制方法

在透视图的基本构成要素建立完成之后，我们就可以进一步绘制两点透视图中的空间网格辅助线及景物空间的内容。建立空间网格辅助线对进一步准确绘制景物空间的物象具有重要的指导意义。

下面，我们进一步学习景观设计两点透视图中的空间尺度网格线的绘制方法，这是准确绘制复杂的景观透视图的基本前提。

步骤一：依次建立两点透视图的基本构成要素，包括视平线、视心与转位视点的位置，并根据转位视点确定两个消点及两个测点的位置。图中圆圈代表取景框，为60°视域范围，在其内部景物空间不会产生变形（图2-16）。

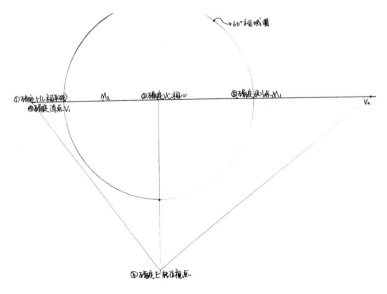

图2-16　两点透视绘制步骤一

步骤二：确定视高并画出测线，根据构图在测线上确定起始点，连接起始点与消点V1便获得透视画面上右侧边界消线。倘若规定该变线长度为6人，则以视高为单位在测线上画出等分距点，连接测点M1与末尾点并与消线相交于O点，O点到起始点的距离消线则是6人长度。用同样的方法以O点为起始画测线，确定左侧边界消线长度为6人，再分别与消点连接便获得透视画面上6人×6人的景深区域（图2-17）。

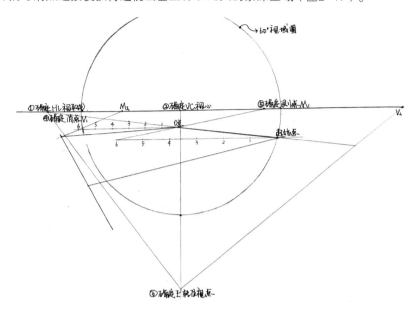

图2-17　两点透视绘制步骤二

　　步骤三：分别连接测点与测线上的等分距点并相交于边界消线，再以消点连接边界消线上的等分距点并延长，这样便获得两点透视地面上6人×6人的网格辅助线。可以发现，60°视域圈内的透视网格比较稳定，越远离60°视域圈则变形越严重（图2-18）。

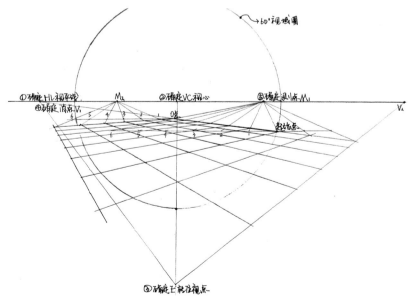

图2-18　两点透视绘制步骤三

（4）两点透视的规律

与一点透视相同，在两点透视图中任何一个构成要素的变化都会引起透视关系的改变。比如，视平线的高低会影响天空与地面比例关系的变化，在景观设计透视图中视平线的位置往往偏低，以便充分表现纵向空间中的景物变化。视心偏左或偏右，则其相反方向的景物展现区域较大。同理，消点距离视心越远的一侧，其展现面越大。但同时，视心也会带动60°安全视域圈的变化（图2-19）。

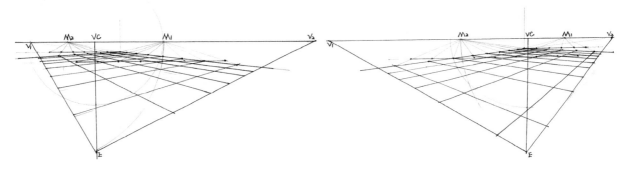

图2-19　两点透视规律演示图1

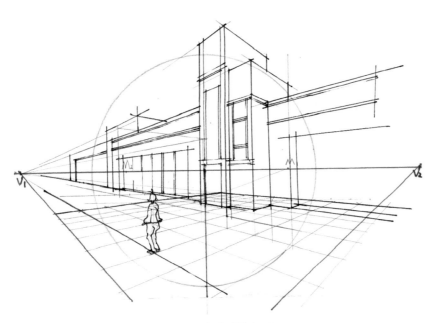

图2-20　两点透视规律演示图2

需要注意的是，在景观设计两点透视图中，为确保画面透视关系的稳定，往往将取景框尽量充满画面（图2-20），这是因为取景框内透视变化不会产生变形。这样，消点、转位视点等构成要素就会位于画面以外，有时甚至会很远。因此，我们在绘图中处理复杂的景物关系时往往要依靠视觉经验的准确判断，这就需要平时扎实的基本功训练。

2.3.3 倾斜透视

（1）倾斜透视的概念

当景物空间中的方形景物与透视画面构成竖向倾斜关系时，这种透视称为倾斜透视（图2-21）。按照视向不同，倾斜透视可分为上倾斜透视与下倾斜透视。按照透视的形式、状态不同，又可分为平行俯视、余角俯视、完全俯视、平行仰视、余角仰视与完全仰视。由于倾斜透视可以表现较大场景的空间群体，因此更适合景观设计中的场景表现。下面概括介绍倾斜透视的绘制方法及特征。

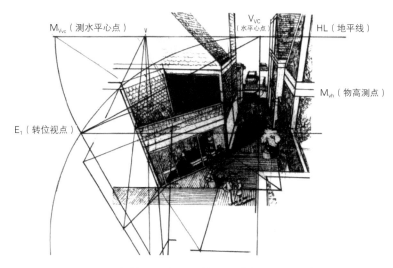

图2-21 倾斜透视示意图（资料来源：《绘画设计透视学》）

（2）倾斜透视的构成要素

与一点透视、两点透视相比，倾斜透视中的构成要素除了视平线与视心、取景框、视高、视距与转位视点、消点与测点之外，还有视心平线、水平心点、物高消点等（图2-22）。

① 视心平线。

在平视状态下，视平线（地平线）始终是视平面与透视画面的交线。当视角发生仰视或俯视关系时，视心发生转位，视平面与HL视平线分离，此时，视平面与透视画面的交线则称为视心平线。视心平线的命名是为了与视平线区别开来，根据俯视或仰视的不同，视心平线会在视平线的下方或上方。

② 水平心点。

当视角发生仰视或俯视关系时，视心也会发生转位而始终保持在视心平线上。通过视点画垂线，与地平线相交的点称为地平线上的心点，简称水平心点。

③ 物高消点。

倾斜透视中方形景物在垂直方向上变线的消点称为物高消点。

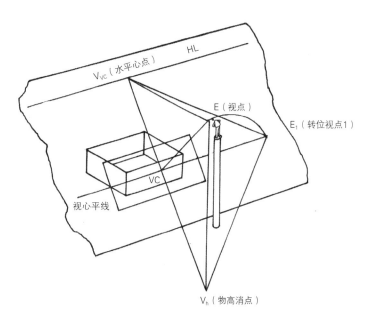

图2-22 倾斜透视构成要素示意图（资料来源：《绘画设计透视学》）

（3）倾斜透视的绘制方法

绘制倾斜透视首先也是要建立透视画面的构成要素，然后以构成要素为依据绘制倾斜透视的空间尺度网格线，以辅助复杂景物空间中表现物象的绘制。下面以平行俯视、余角俯视为例，学习倾斜透视的绘制方法。

① 平行俯视绘制步骤。

步骤一：建立透视画面的构成要素。地平线、水平心点、60°视域圈、转位视点与水平测点的建立方法与一点透视相同。需要注意的是，下倾斜透视中的地平线位置偏上。

绘制视心平线、E_2转位视点、Vh物高消点及M_2物高测点。V_{VC}水平心点到E_2转位视点的距离等于视距长，并且其连线与E_2和Vh物高消点之间的连线构成直角三角形的两条边，通过E_2转位视点的水平原线则为视心平线，与视距相交的点即为VC视点。M_2物高测点到Vh物高消点的距离等于E_2转位视点到Vh物高消点的距离。以此规律建立倾斜透视画面的基本构成要素（图2-23）。

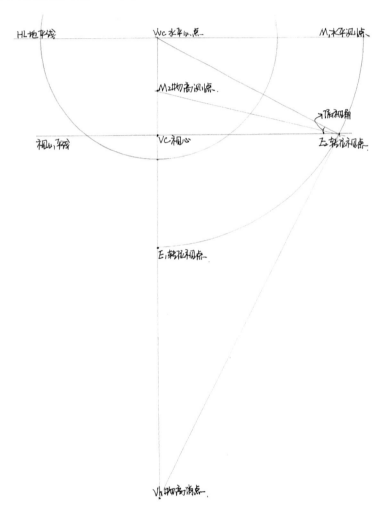

图2-23　倾斜透视（平行俯视）绘制步骤一

步骤二：根据构图确定视高以及水平与垂直空间中的起始原线与边界消线，画出水平与垂直测线并等分点距。分别连接测点与距点延长至水平、垂直空间中的边界消线，再根据消点及消线上距点画出空间尺度网格线，完成倾斜透视（平行俯视）基本空间框架的建立（图2-24）。

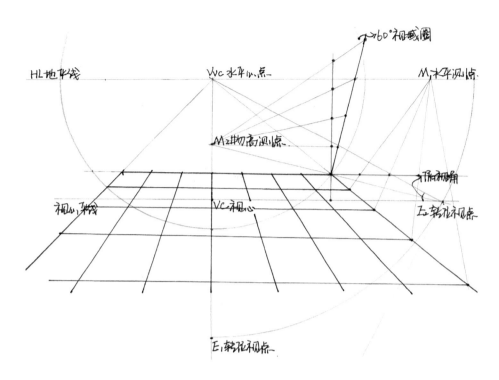

图2-24　倾斜透视（平行俯视）绘制步骤二

步骤三：根据图面构成要素及空间尺度网格线绘制景物空间内容（图2-25）。

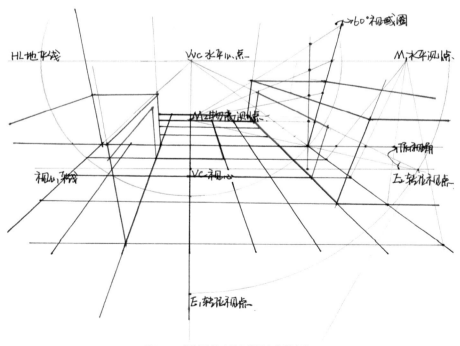

图2-25　倾斜透视（平行俯视）绘制步骤三

② 余角俯视绘制步骤。

步骤一：结合余角透视建立透视画面的构成要素。需要强调的是，测点与消点必须在同一消线上，因此将Vh物高消点到E₂转位视点的距离落在V₁消点连接Vh物高消点的消线上，便获得垂直变线的测点Mvh。在余角俯视图中，分别有两个水平变线的消点与测点和两个垂直变线的测点，E₂转位视点同时也是垂直变线的一个测点（图2-26）。

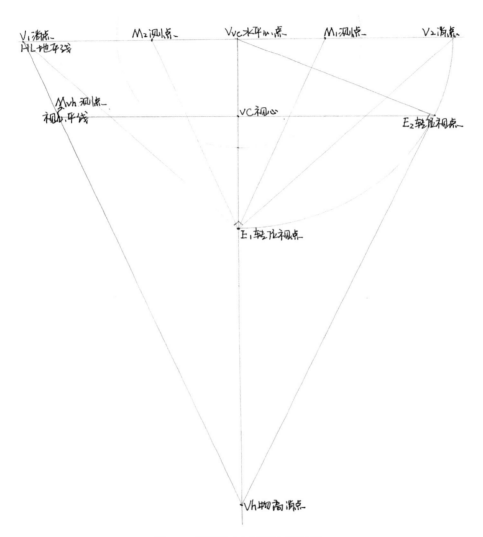

图2-26　倾斜透视（余角俯视）绘制步骤一

步骤二：根据景物空间的内容及构图，确定视高、物体变线起始点，并画出水平与垂直变线的测线，在测线上等分距点，以测点和测线上的等分距点控制变线长度，以此方法完成景物空间整体框架的绘制（图2-27，图中建筑物高度为5人）。需要强调的是，测线必须平行于测点与消点同在的消线。

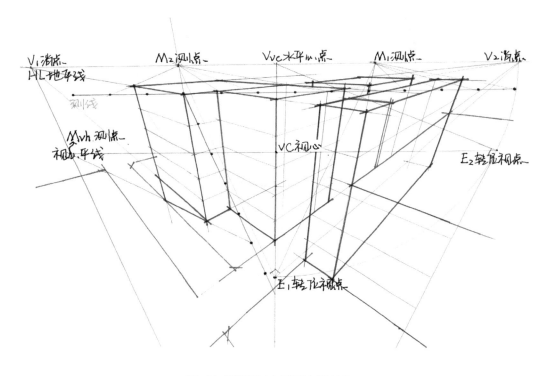

图2-27　倾斜透视（余角俯视）绘制步骤二

（4）倾斜透视的特点与规律

首先，景物空间中物象的高度线成为变线是倾斜透视的突出特征。因此，在垂直方向上会有一个物高消点控制整个画面垂直方向的变线，所有垂直方向上的变线消于物高消点。

其次，相比于平视角，倾斜透视中的视角会发生仰视或俯视的变化，因此地平线不再是视平线，地平线与视心分离，视心位于视心平线上。仰视或俯视的角度越大，地平线与视心及视心平线距离越远；仰视或俯视的角度越小，物高消点越远离视心。

再次，倾斜透视适合表现比较大的空间群体，垂直纵深感强。但是，由于透视画面多为变线，也增加了画面的不稳定感和控制透视准确性的难度。60° 安全视域圈是把握画面稳定性和准确性的重要因素，即便在实际绘图中往往不显示取景框、视域圈，绘图者也必须能够根据经验准确地判断出其大致范围。在倾斜透视中，视心平线及视心的选取位置尽量不要远离安全视域圈，绘制景物空间的构图中心也应该尽量位于安全视域圈以内，这样可以有效控制画面的稳定性及透视的准确性。

最后需要说明的是，无论是一点透视、两点透视还是倾斜透视，各个透视画面的构成要素往往会远离纸面，特别是在表现较大场景的景观设计中。绘图者也不可能完全以精准的数据控制每一处细小的尺度，透视方法只能帮助我们建立起整体空间大的尺度框架，绘制复杂的景物空间更多时候要凭借视觉经验。所以，我们必须了解透视原理，掌握透视规律，多画多练，以培养准确的视觉判断能力。

第3章 景观设计手绘表现技巧

3.1 构图的巧妙组织

一张完美的手绘图并非取决于炫酷的线条与表现技法，而是基于对优秀设计方案的有序组织，这就涉及设计构图。当设计方案与表现主题确定后，采取什么样的透视方法与形式美法则来组织画面，这里就蕴藏着构图的技巧。所谓构图，即在限定的平面内对设计方案进行主题与视觉形象突出的形式结构组织，运用形式构成法则使画面既有多样性又有条理性，既有变化又和谐统一，同时具有画面表现中心，从而引导观者的视觉中心。

3.1.1 影响构图的因素

假设以一个优秀的设计方案为前提，仍然存在众多影响构图的因素。比如表现主题与透视方法的选择。不同的透视法具有不同的特点，用以表现不同类型的主题空间，这一点我们在上一章节已经充分阐述。另外，画面的主题性、空间深度以及构图形式美的法则都是影响画面构图的重要因素。

下面，我们举例分析一幅优秀作品应该具备哪些构图因素。

（1）构图应做到主题突出

在景观设计的表现图中，画面的主题可以是由建筑或景观构筑物所构成的主体空间，也可以是具有某一类空间特质、氛围的环境场景。在绘之前，绘图者首要先明确绘画表达的主题，画面将给观者传递出怎样的设计信息。要做到主题突出，表现空间的整体性非常重要。空间的整体性包括整体环境的特征、氛围，完整的主体构成要素及丰富的细节。

如图3-1，两张图所展现的空间场景较小，但画面丰富且主题明确。以景观构筑物、水景墙等为主体展开空间，采用一点透视法使得画面具有均衡、稳定等特征，且表达主体构筑物充分。层次丰富的建筑背景、植物和人物使整体画面活跃。

图3-1 画面构图技巧分析图1

如图3-2，两张图均以小场景的景观空间为主题，画面生动且层次丰富。主题空间的结构、景观要素等设计内容展现充分，配景同样围绕空间场景展开，突出主题。

图3-2　画面构图技巧分析图2

如图3-3，两张图以展现区域空间的景观规划为主题。规划空间的整体结构，各个空间及各个景观要素的衔接关系表现得清晰且完整，主题突出。

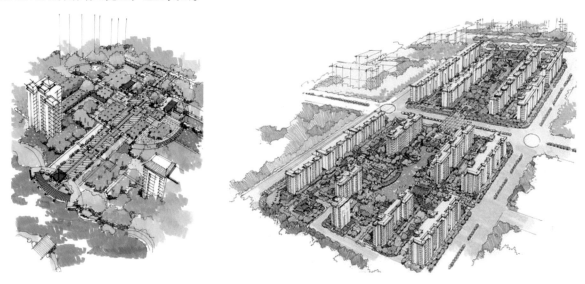

图3-3　画面构图技巧分析图3

如图3-4，画面表现的主题为一个完整的滨水商业休闲空间。空间的特质突出，商业休闲氛围浓厚，空间主题突出。

图3-4　画面构图技巧分析图4

（2）构图应具备空间完整性

表现景观设计的画面构图应该具备空间的完整性，这样才能使画面主题突出。空间的完整性构图应注意以下几方面要点。

首先，控制景深。根据表现的主题及内容选取合适的景深空间。景深空间小，则表现内容不充分；景深空间过大，则又会造成画面空洞。如图3-5，这两幅作品均依据主题选择恰当的景深空间与透视方法，构图很好并且空间结构清晰，细节刻画到位。

图3-5　画面构图技巧分析图5

其次，空间结构的清晰表现很重要。空间结构即空间形态，体现方案规划中对景观空间及各要素的有序组织。绘图者必须根据空间结构进行画面构图，以完整展现空间结构为目标选择恰当的透视法及景深。

最后，不可忽视细节的表达。画面的细节包括配景及设计细节。配景，如建筑背景、植物、人物等，用以烘托主题并使画面丰富；设计细节包括铺装、材料以及景观建构筑物的装饰等，细节的表达对于画面的完整性至关重要。

（3）构图应符合形式美法则

表现景观设计的画面构图应该符合形式美法则，包括对称均衡、疏密变化、节奏秩序与对比统一等。均衡是指画面在视觉心理上的平衡与稳定，对称与非对称式构图都可以产生均衡的效果。疏密变化可以通过对景物的布局来控制画面的视觉中心并影响画面节奏，在景观设计中，植物的配置讲究"疏可跑马，密不透风"，体现的就是通过植物疏密的变化控制画面节奏的构图方法，使画面产生丰富的层次变化。构图中的对比统一包含的范围较大，景物元素的体量、材质、色彩都存在对比与统一的关系。画面构图往往追求统一中的变化与万变不离其宗的统一。

3.1.2 构图的常见问题

一张优秀的景观手绘效果图，通常线稿要占到约70％。而决定线稿成功与否的四大因素包括设计、透视、构图与线条，它们之间彼此联系，又相互制衡。构图是一门艺术，它要求绘图者首先必须抓住设计的核心，以灵活的技巧控制画面，甚至趋利避害。否则，画面将会出现问题，那么再好的上色技巧也无法弥补。

下面，我们通过一些正反案例来探讨景观手绘效果图构图中的一些常见问题。

如图3-6，左图，画面想要表达的设计信息与主题不明确，并且选择的透视法没能将有限的表现内容恰当地展现出来，致使画面空间缺乏完整性，画面空洞而缺乏可读性。而右图采用一点透视表现空间，主题明确且要表达的设计内容丰富。

图3-6　构图常见问题分析案例1

如图3-7，这两张图均是以建筑为主体表现对象的效果图，且都采用余角透视法。对比可见，左图空间进深差导致画面过满而具有压抑感，余角关系强烈，构图不均衡，从而导致画面的不稳定感，再加上设计感、细节、线条等存在的问题致使作品最终的呈现效果不尽理想。而右图所采取的构图方式规避了不利因素，从而使画面呈现出很好的效果。

图3-7　构图常见问题分析案例2

如图3-8，两张图均采用正一点透视法，这种透视方法若控制不好，容易导致画面呆板。正如左图，其构图问题不仅表现为呆板，而且画面中心感弱，位于构图中心的景物不饱满、表现力差、设计感弱，致使画面主次秩序混乱、疏密关系不对、画面空洞呆板。而右图画面中心明确、主题突出，可以说是手绘作品中的佳作。

图3-8　构图常见问题分析案例3

如图3-9，左图的问题很明显，画面的构图中心完全偏移，一侧景物堆叠，致使画面丧失均衡感，倾斜与不稳定给人视觉上以极不舒适的感受。相反，右图以稳定的透视表现建筑环境，构图均衡，表现力强。

图3-9　构图常见问题分析案例4

在手绘效果图中经常出现的构图问题有很多，归结起来无外乎以下几点。首先，表现主体不明确、不到位，画面出现满、空洞等问题；其次，表现技法不灵活，常常不能趋利避害，不会运用恰当的透视法、配景等多种手段，往往导致画面完整性差，缺乏空间、层次感；最后，不会很好地运用构图的形式美法则，画面出现直白、呆板、不稳定、平铺直叙、空间层次堆叠等众多问题。

3.2 线稿的绘制技巧

3.2.1 认识线条的"表情"

手绘的线条具有丰富的"表情"。首先，尺规画线与徒手画线效果就会不同；其次，提腕与压腕时的线条也会有轻重之分。很多学生在开始绘画阶段容易陷入以下误区：要么运用尺规画线，线条轻重、粗细、劲道一样，画面呆板、生硬；要么习惯徒手画线，总认为纯粹徒手画的线条更加生动帅气。殊不知，纯粹徒手画的线条并不利于表现所有的景观要素，如果没有过硬的基本功还会导致景观物象的形体塑造不准确，甚至画面瘫垮无力（图3-10）。

图3-10 以徒手绘制线条组织整个画面，单线条看上去比较流畅，但画面整体景观物象的形体塑造不准确，致使画面瘫垮、琐碎

手绘线条有自己丰富的表情变化。压笔力度的不同会产生粗细不同、层次千变万化的线型。尺规画出的线条刚劲有力，而徒手绘制的线条则相对柔美、生动活泼且弹性十足。群组叠加的线条又会产生疏密的变化、透视关系及丰富的空间层次。线条也可以形成不同的笔触，用以表现阴影、素描关系及不同材质的肌理（图3-11）。总之，绘图者必须熟练掌握线条的千变万化，根据不同的情况灵活运用线条刻画空间及物形特点。

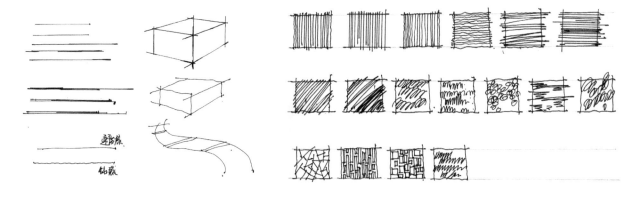

图3-11 表情丰富的手绘线条

3.2.2 景观手绘线稿的绘制要领

在景观设计的手绘表现图中，用线条组织一张完整的画面是有难度的。笔者根据多年的绘图经验，在此总结以下几方面要领，以供初学者参考。

首先，线条的准确性是重中之重。

无论绘图者采用什么样的线条，准确是第一位的。这里所说的准确包括画面整体的透视关系、空间关系的准确，景观物象的形体、结构、比例尺度的准确刻画与细致表达（图3-12）。画面上所有的线条，直线要直，曲线要准，无论多么复杂的画面要尽量做到线条准确并少出错。

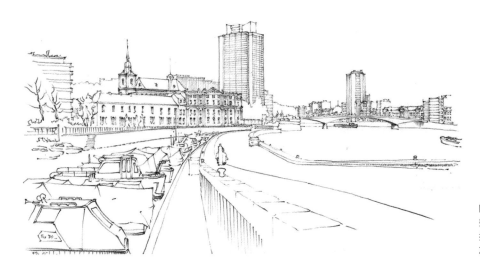

图3-12 该作品徒手绘制，画面完整、准确生动。透视及空间关系把握准确，建筑及景观物象形体塑造准确。尤见作者高超的手绘功底

其次，设计线条往往言简意赅，设计感十足。

手绘效果图中的线型表达一般有别于诸如素描、速写、国画等其他类别的艺术形式，设计线条具有干练利落、言简意赅、少即是多等特点。线条需要对物象进行高度概括、抽象并提炼，因此设计线稿一般讲究明快、简洁。这要求每条线尽量做到清晰、准确、流畅，少做重复、纠正（图3-13），并且线条宁长勿短，可以互为辅助。

图3-13 该作品存在的最大问题是线条不准且重复较多，线条断断续续影响空间层次。线条的轻重、明暗关系凌乱，未以刻画空间、表现物象为依据

再次，以线条组织整个画面应讲究透视变化，突出空间层次。

从一个简单的形体到一幅完整画面的构建，线条担负重要责任：透视、结构、比例、光影等的塑造。通过对线条轻重缓急、疏密变化的控制可以表现物象的透视关系和空间关系。在景观设计的透视图中，可以通过划分线型来突出透视、空间和素描关系。通常我们将线条分为较重的骨骼线、一般的设计线和较轻的调子线。骨骼线往往位于空间的大转折处或作为主体物象的结构线，形成画面的骨架；设计线用于表达设计的细节；调子线则用于设计细节的填充或表现阴影关系。总之，画面的完美呈现需要对线条进行合理组织（图3-14）。

硬朗的骨骼线表现构筑物结构

清晰的设计线表现物象形体

温柔的调子线表现细节

图3-14　线条刚劲有力，透视、空间关系及物象结构刻画清晰准确，用线层次突出

最后，景观手绘效果图中的线条适合"刚柔并济"的表现手法。

这是由景观设计中的物象特征决定的。景观设计中的物象由硬质和软质景观要素构成，用刚劲有力的线条表现建筑、景观构筑物及其他硬质景观最为合适，这里可以采用尺规画线的方法；而用轻松、柔美、活泼的线条表现如植物、水体等软质景观则比较恰当，这种线条以徒手绘制的方法为主。这样，整幅画面的线条刚柔并济、对比统一（图3-15）。

图3-15　线条运用娴熟得当，或刚劲有力，或活泼流畅。作者运用不同的线条表现不同的景观物象及其特征，画面对比统一，表现力强

3.3 上色的表现技巧

上色是手绘效果图的最后阶段。目前，绘图常采用的是快速表现综合技法，工具一般采用马克笔结合彩铅。使用综合上色技法首先要了解工具的特性。马克笔的遮盖力较弱，而且相比于其他类别的绘画形式，马克笔的颜色有限，所以用色讲究经验和技巧，特别是叠色的使用；彩铅覆盖力弱但控制力强，可以和马克笔结合使用以弥补其不足并增加色彩的丰富性；马克笔与彩铅是综合表现技法最好的搭档。

手绘效果图的色彩表现是为了表现空间中各造型元素的具体色彩、质感和空间中的光影效果，是素描关系的进一步延伸。因此，色彩的表现不仅要考虑物象的固有色、肌理，还要考虑环境色，最重要的是把握画面的整体色调，突出所要表现的环境氛围。这也是初学者容易犯错的地方，倘若一味地遵循物象固有色而不考虑色彩构成规律及色彩的协调性，那么画面会显得呆板；如果毫无方法地使色彩反复叠加，那么画面容易脏。

3.3.1 手绘上色的步骤与方法

下面我们通过一个案例的步骤演示来学习景观手绘表现图的上色方法（图3-16）。

图3-16 手绘上色演示线稿

手绘上色一般分为三个步骤：首先，根据画面空间、物象及色彩规律铺大色；其次，深入刻画空间及物象的体块关系；最后，根据画面的整体关系提亮色并压重色。

如图3-17，首先分析画面的空间、光影及物象。第一遍上色要依据空间关系、光影关系以及物象的材质、肌理铺大色块。需要注意的是，上色的步骤应该由浅入深，在第一遍上色时就应该根据物象的材质及画面关系确定色彩的明度、纯度及色相。同时，根据物象的质感选择恰当的笔触。第一遍上色就应该充分考虑画面的构图中心，协调色彩关系。首先选择画面中最大块面进行上色，并注意色块的对比、协调与呼应关系。在第一遍上色时就要做到恰当的留白，留白是手绘上色的重要技巧。

在这幅作品中，第一遍上色的难点是大面积的水体、背景植物以及前景的铺地。针对这种情况，上色将画面的构图中心转移至远处的水景，近景大面积的铺地恰当留白。充分考虑水体的肌理表现和背景植物的层次，以及画面色彩的对比协调关系。

图3-17　手绘上色步骤1

如图3-18，第二遍上色的关键是进一步刻画空间及物象的体块关系。首先，把握构图中心，进一步加强空间关系，将刻画重点放在景深中后方；其次，进一步刻画水体及背景植物的层次关系；最后，以远景的重点刻画有序带动前景及整个画面，进一步控制画面整体的对比协调关系。

图3-18 手绘上色步骤2

如图3-19,手绘上色的最后一步是提与压。所谓提,即控制画面整体关系中的亮色;所谓压,即在画面整体协调的前提下增加重色,增强画面的对比关系。注意最后一遍上色的关键是重色要少,点到为止,并且画在关键的位置,同时要合理地对画面最初的留白进行控制。

图3-19 手绘上色步骤3

手绘上色的每一个步骤都要把握重点，马克笔手绘上色的最大特点就是需要高度的概括与凝练的笔法，每一笔每一步都要画在关键处。如不能做到用笔精练，叠笔废笔反复出现，那么很容易弄脏画面，这是初学者经常犯的错误。

3.3.2 总结手绘上色的技巧

手绘上色有很多技巧，比如留白的技巧、叠色的经验、笔触的使用以及各景观物象材料肌理的表现技巧等，掌握这些技巧的过程也是熟悉手绘工具及其独特表现形式的过程，这对于初学者非常重要。

（1）留白的技巧

所谓留白，是在绘画的过程中有意进行留笔，色彩带过之处留下纸张的空白。在手绘效果图的上色阶段常常用到留白的技巧，留白可以控制整个画面的亮部。

在景观设计手绘效果图中，首先是笔触的留白，也就是在绘制某个块面时排笔之间的缝隙或块面的边缘处，这种留白可以使画面中的较大块面活跃而不沉闷；再有材质的留白，景观设计中的材质往往具有不同的特性，比如玻璃、光面石材反光性较强，而本身色彩较浅的材料都较常用到留白的手法；最后还可以根据光影进行留白，光线投射于物体表面会产生亮、暗面，对物体亮面的绘制常采用留白的手法。

如图3-20，这幅作品将留白的位置置于画面的边缘处，这样的处理方式使得画面的构图中心更加集中，景深关系更加强烈。

图3-20 手绘上色留白技巧的案例1

如图3-21，这幅作品利用留白勾勒出画面美丽的轮廓线，并且对画面中大面积的水体进行留白。画面中心处物象的留白呼应外轮廓线，使得整个画面色调清丽、淡雅。

图3-21　手绘上色留白技巧的案例2

（2）马克笔的叠色规律

　　由于深入刻画画面空间关系及物象体块的需要，马克笔手绘上色常常需要叠色。所谓叠色，即对马克笔相同或不同颜色进行叠加使用从而实现对物象的深入刻画。马克笔手绘上色的叠色具有一定的规律，若控制不好画面颜色会不协调，因此绘图者应该熟练掌握马克笔的叠色规律。

马克笔手绘上色的叠色有以下几种方法：① 同一色彩的叠色；② 同一色系的叠色；③ 相近色彩的叠色；④ 以纯色与灰色叠加（图3-22、图3-23）。依据绘图经验，马克笔的叠色首先应尽量避免明度、色相及饱和度跨度极大的颜色进行叠加。另外，色彩反差大且明度相近的两色叠加效果也会不尽理想。

图3-22　几种马克笔的叠色方法

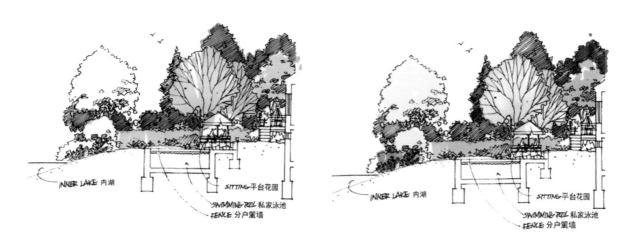

图3-23　马克笔同色系与相近色叠色的示范

（3）笔触的运用

笔触，是落笔留在纸面上的形态。这是马克笔快速表现的最大特点。由于马克笔遮盖力弱，因此它必定会在纸面上留下笔触。既然不可避免地会留下笔触，绘图者则往往十分讲究笔触的形态、美感。正因为如此，马克笔快速表现具有笔触干练、利落，极具速度感、形式感等特点（图3-24）。

图3-24　手绘上色笔触表现的优秀案例

　　马克笔快速表现讲究排笔、叠笔，以笔触形成点、线及面。同时，笔触可以被用来刻画物象的材质、肌理，甚至是空间中的光影关系（图3-25）。不同的景观材料，位于画面中的不同位置，甚至绘图纸张的不同，都会对马克笔的笔触运用提出不同的要求。

图3-25　马克笔快速表现图，利用笔触表现物象的材质、肌理，树木、石头等不同的景观材料运用不同的笔触来表现

　　马克笔的笔触运用极为灵活，可以通过改变笔头的方向、落纸面积以及对倾斜角度的灵活控制，从而绘制出丰富的调子并表现不同的肌理。也就是说，可以运用马克笔模拟线稿笔画出不同肌理的调子，比如景观中的植物表现就会经常用到马克笔团线的笔触。具体案例参见下一小节有关植物画法的讲解。

马克笔快速表现中的笔触如若不能恰当运用也会使画面混乱不堪，这是初学者经常容易犯的错误，不知道将笔触用在何处，整个画面随意使用、横七竖八，造成了图面的混乱感（图3-26）。马克笔的笔触应该溶于空间、形体、明暗、光影，用于表现物象的材质、肌理、质感，只有使用恰当才能达到较好的效果。

图3-26　此幅作品的笔触，特别是前景的花坛和道路的点状笔触运用十分不当

3.4 景观设计要素表现技巧

　　景观设计中的构成要素按照大类可以分为硬质景观要素与软质景观要素。因此，景观手绘效果图的画面构成主要有三大类要素：①硬质景观要素，一般包括建筑、景观构筑物、硬质铺设等；②软质景观要素，一般包括各类植物、水体、天空等；③景观配景，一般包括人物、动物、汽车、景观小品、石头等。

　　不同的景观要素有不同的表现方法，绘图者应该整合各类构成要素，使其完整、协调并统一于整幅画面中。

3.4.1 硬质景观要素

　　硬质景观要素往往构成画面的主体、骨架。在表现方法上大多采用尺规绘制，以准确、利落的线条、笔触搭建起画面的骨架。需要注意的是，硬质景观要素的绘制必须准确，严格遵照透视法则。尤其对于初学者而言，如果喜好徒手绘制流畅的线条但基本功不过硬的话，往往容易造成画面骨架坍塌、建筑东倒西歪的灾难性效果。

　　下面通过案例具体分析。

　　如图3-27，这幅作品由建筑及景观构筑物配合植物、环境构成画面主题空间。硬质景观要素的表现手法硬朗、扎实，体面关系、明暗、光影以及前后关系刻画准确，与生动的软质景观要素的表现形成对比，整体画面协调，适合初学者临摹学习。

图3-27　学习硬质景观要素表现方法的临摹选图1

　　如图3-28，这幅作品画面组织严谨有序，一点透视准确，对建筑及景观构筑要素的刻画稳重扎实又不失生动，对复杂的建筑体块关系、前后关系刻画到位，非常值得学习。

图3-28　学习硬质景观要素表现方法的临摹选图2

如图3-29，这张临摹选图为宾馆入口环境，以建筑为背景组织入口空间，整体画面硬朗、稳重。

图3-29　学习硬质景观要素表现方法的临摹选图3

3.4.2 软质景观要素

（1）植物

　　植物是景观设计中重要的构成要素，也是景观手绘表现图中不可回避的表现对象。无论是在平面图、立面图还是透视图中，植物始终是不可或缺的主体景观材料。绘图者应该掌握植物从平面到立面，从单体到各种组合形式的绘制技法。

　　① 平面植物。

　　在景观手绘效果图中，植物的表现体现了对现实植物的高度概括，设计师运用柔软流畅的线条概括大千世界各种植物的形态。植物的平面绘制一般包括三个部分：植物树冠的外轮廓线、树心及阴影。树冠外轮廓一般采用直线或抖线，不同种类的树，如常绿乔木、落叶乔木、针叶树及棕榈树可以有不同的概括表现方法（图3-30）。

　　手绘平面植物的重点及难点在于各类植物的群组组合关系的绘制，以及在景观设计平面图中与其他景观要素及整体空间的配合方面。当植物产生群组关系的时候，就会涉及对规则式或自由式等不同植物组合关系的表现。在这个群组关系里，会涉及重点与非重点的刻画，涉及植物平面空间关系的组织，并且要运用形式美的构成法则。

　　如图3-31为景观设计扩初阶段的放大平面表现图，植物与空间形成有机组合，植物的组织围绕空间展开。

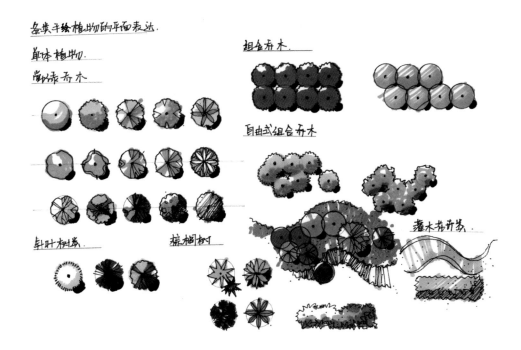

图3-30　单体及群组植物的平面表达

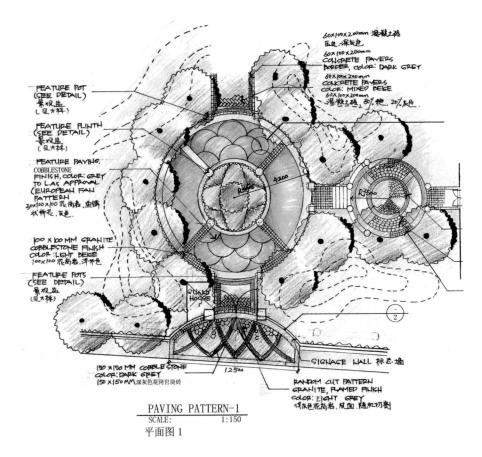

图3-31　景观手绘平面图中植物的表现案例1

如图3-32为更复杂的景物空间中植物组合关系的表现。该作品中的植物以自由组合形式为主，平面植物的组合紧紧围绕空间、地形展开，且平面植物的表现有主有次，有收有放，层次清晰。

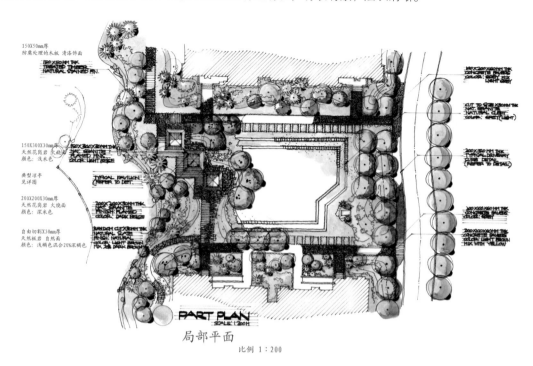

图3-32　景观手绘平面图中植物的表现案例2

② 立面植物。

手绘立面植物多用于景观设计剖立面图及透视图中，当多种植物发生组合，处理组合植物的空间及层次关系是这一部分内容的重点及难点。

植物可以有多种表现方法。如图3-33，采用片状及线状的笔触，并以马克笔同色系叠加的方法概括植物的冠部。其表现言简意赅，概括性强。

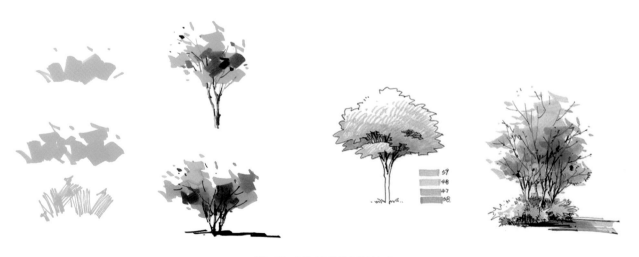

图3-33　单体立面植物的绘制方法

如图3-34，不同种类的树木有不同的概括表现方法。一些常绿树种、针叶树种的画法是先以线条高度概括其外形特征，再以颜色凝练地表现其叶貌特征。

图3-34 一些常绿树种、针叶树种的绘制方法

如图3-35，灌木的种类众多，表现方法也各有不同。灌木经常存在叠加组合的情况，可以用色彩拉开前后关系，一般用冷色、灰色来衬托前景树木。也可以用不同的表现方法区分组合灌木的层次关系，比如细叶与阔叶相搭配，合理组织高矮灌木的前后映衬关系等。

图3-35　灌木及其组合的画法

当植物产生多重组合，就要考虑它们在空间中的主次、前后关系，还要考虑植物与画面中其他景观构成要素的配合（图3-36）。可以用冷暖色的对比来强调植物在空间中的前后关系，也可以用不同的画法，不同的线条、笔触来区分不同种类的植物。

图3-36　植物的空间组合画法

景观剖立面图绘制是景观设计表现中的重要部分（图3-37）。景观剖立面图中的植物往往呈现复杂的组合、叠加关系，处理好它们之间的搭配组合、前后关系是景观剖立面图中植物绘制的重点及难点。

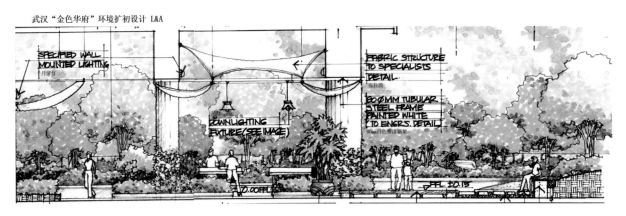

图3-37　景观剖立面图中的组合植物绘制

在景观透视效果图中，植物作为软质景观要素可以柔化边界。无论是其形态、表现方法，都可以与硬质景观要素形成对比，使画面生动。对于一幅优秀的景观手绘透视表现图来说，植物在空间中的组织、设计与搭配尤为重要。

在景观手绘透视图中，植物同样会产生诸如近大远小、近实远虚等的透视关系，运用表现技巧恰当处理植物在空间中的透视关系也尤为重要。

如图3-38，在空间透视图中，植物往往呈现复杂的组合关系。不同种类、高度，以及不同的植物配置方法均会同时出现于一幅画面中，这就需要绘图者掌握复杂的表现技法以灵活应对各种情况。

图3-38　透视图中处理复杂植物关系的方法

（2）水体及天空

在景观手绘效果图中，水体及天空常常作为配景出现，因此，把握其绘制的深度非常重要。水体及天空往往起到衬托作用，表现时不可强过主体景物。其技法往往采用淡色，沿主景边缘、轮廓略带几笔，同时注意整个画面天际线的构图（图3-39）。

图3-39　景观手绘效果图中天空的常用技法

水体是景观设计中经常用到的元素，景观中的水体往往概括自然界中各种各样水的形态，因而种类繁多。不同类型的水体景观有不同的表现方法。硬质水景观的刻画笔触一般干脆、利落，同时恰当留白以表现水体反光的特点；软质水景观的刻画线条一般柔软，并且跟随水岸线灵活滑动；大面积的水景表现难度较大，要结合水体的肌理、反光的特性进行留白，并且深入刻画时要考虑水体与景物的映衬关系。

如图3-40，这幅硬质水景观的立面表现图刻画了水瀑的形态。绘画者以单色和凝练的技法寥寥几笔绘制出水瀑的特征、动态，并恰当留白以表现水光的效果。

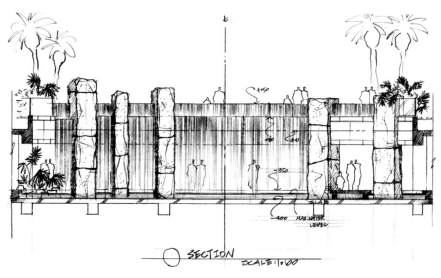

图3-40　硬质水景观的表现

如图3-41，这幅画作为一张水彩表现技法的作品，以软质水景观——叠溪为画面的表现主题。表现材料的选择非常适合水体的表现。从技法上看，柔软的笔触与岸线结合，适当的留白以表现水体的质感，最后对水岸交界线做适当的压重处理。

图3-41 软质水景观——叠溪的表现

如图3-42，当画面中出现较大面积水体时，处理起来存在难度。此画作适当留白，同时利用人物配景及植物前景弱化大面积水体，并且立面水体与平面水体的关系处理得也十分恰当。

图3-42 透视图中大面积水体的表现技巧

3.4.3 景观配景表现

　　在景观手绘效果图中丰富的配景对于画面十分重要（图3-43）。景观手绘效果图中的配景一般包括人物、动物、车辆、气球等，用以烘托画面中的环境氛围，这些配景往往采用流畅的线条高度概括物象轮廓。特别是人物，在景观手绘效果图中经常出现。它一方面作为画面空间的尺度依据，另一方面也是画面构图的重要组成部分，使画面空间丰富。

　　景观手绘中的人物讲究以流畅的线条进行高度的概括，丰富的人物动态及人物组合对于画面来说十分重要。同时，人物配景在效果图中也存在透视关系，因此近景人物与远景人物的画法存在不同（图3-44）。

图3-43　景观手绘效果图中丰富的配景表现（资料来源：《美国建筑画》）

图3-44　景观手绘表现人物画法

车辆也是景观手绘图中重要的配景。这一类配景讲究线条的概括性及形态的准确性，同时它们在空间中的透视关系及比例尺度也要准确（图3-45）。

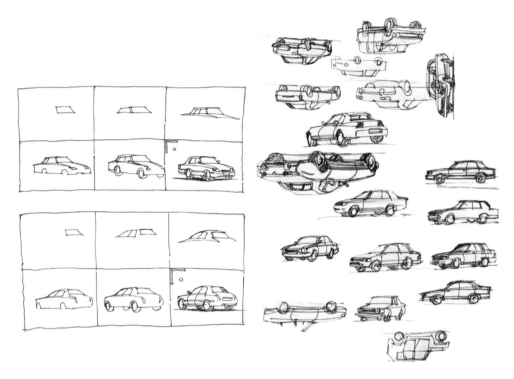

图3-45　景观手绘中配景汽车的画法

关于手绘人物、汽车以及其他配景的画法，网络及其他教材上的资料很多，在此不做详细列举。同学们平时对于景观配景应该多加练习，它们对于丰富画面、烘托环境气氛起到至关重要的作用。

第4章　景观设计手绘表现训练方法

4.1 景观手绘"分段式临摹法"

如何才可以说已经掌握了景观手绘的表现方法呢？那就是在景观设计工作中可以驾轻就熟并随心所欲地自我表达，包括如何创意构思，如何绘制方案草图，如何根据设计进行快速表现。手绘还是以设计为最终目的，唯表现论不可取。因此，学习手绘的过程任重而道远，需要不断积累。

但是，学习手绘的首要任务在于打牢基础，而打牢基础的关键在于有方法地临摹。通过临摹，可以学习优秀手绘作品的透视、构图、线条及上色等表现技法。这里提出的景观手绘"分段式临摹法"，即从景观立面图、平面图向透视效果图循序渐进地过渡学习。

目前，大部分学校的手绘课程以及校外的手绘培训机构均直接针对透视效果图进行训练。其实在实际工作中，景观剖立面图、总平面及放大平面图的手绘表现更为平常，并且景观剖立面图、平面图是完整表现设计的重要环节和依据。因此，本章介绍的景观手绘训练方法是将景观立面图、平面图的表现放在前面学习，循序渐进，从而使学生更完整、全面地学习景观设计的手绘表现。

景观手绘"分段式临摹法"包括景观手绘剖立面图的临摹、景观手绘放大平面及总平面图的临摹以及景观手绘透视效果图的临摹。在学习景观手绘透视效果图之前，增加"风景素描训练"以强化基本功，为后面轻松驾驭透视图的快速表现打下良好基础。

下面，按照"分段式临摹法"的不同阶段进行分段详解并列举实例。

4.2 景观手绘立面图

4.2.1 景观手绘立面图的绘制方法与步骤

景观手绘立面图的绘制，首先应该根据幅面进行构图，应保证画面占据纸幅中心，完整且饱满；然后按照相对比例确定要表达物象之间的体块关系。需要注意的是，绘制过程应始终从整体出发，再到局部细节的刻画，在整个绘图过程中要经常回到整体进行审视。

如图4-1，景观手绘立面图的铅笔定稿阶段。这一阶段的绘图要点在于：首先，始终把握画面的整体性；其次，画线要清晰、准确并且肯定；最后，铅笔定稿同样要注意区分线型，特别是对骨骼线的提炼。

绘制墨线的重点在于：首先，保证线条的准确、干净、利落，避免重复涂抹；其次，区分线型十分重要，一般情况下剖面线最粗，轮廓线其次，设计填充线最细；最后，深入程度及细节刻画是画龙点睛的重要一步。细节诸如装饰细节、表达素描关系的阴影等，这些对于画面十分重要。

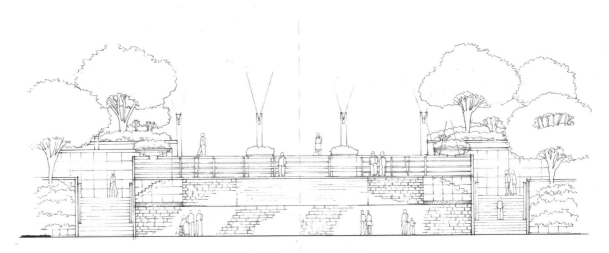

图4-1 景观立面图绘制步骤1

上色一般分为三大步骤：第一，铺大色块；第二，深入刻画体块关系；第三，提亮色并压重色，完成画面最后的对比统一关系。本书前一章节已有演示，此处不过多赘述。如图4-2，按照三大上色步骤协调并进地完成画作，始终保持画面的统一关系。

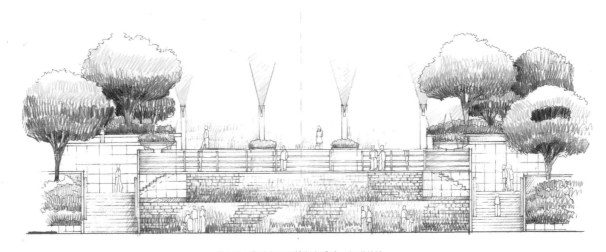

图4-2 景观立面图绘制完成稿 相甜慧绘

4.2.2 景观手绘立面图优秀学生作品

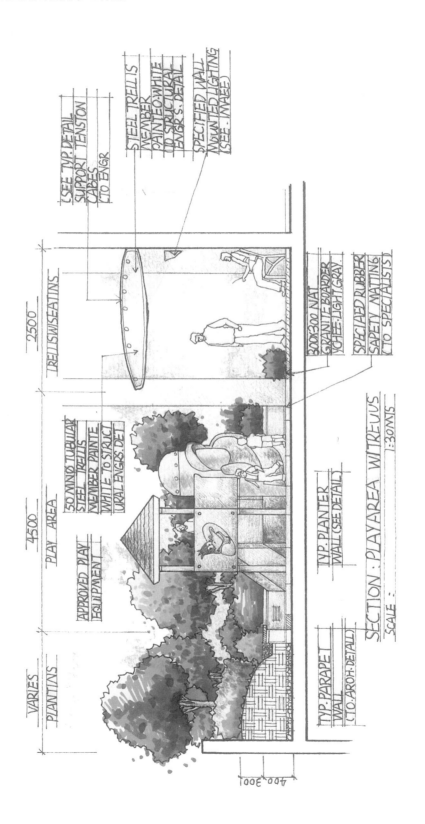

图4-3　段秀莲绘

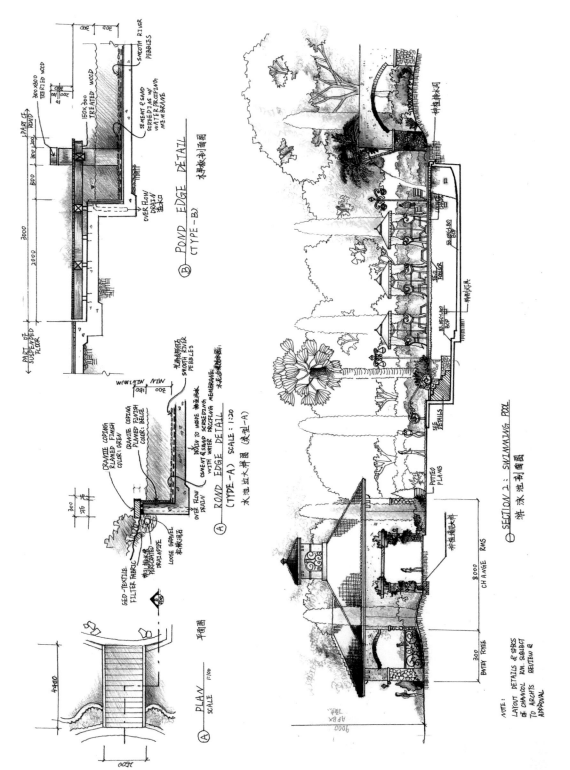

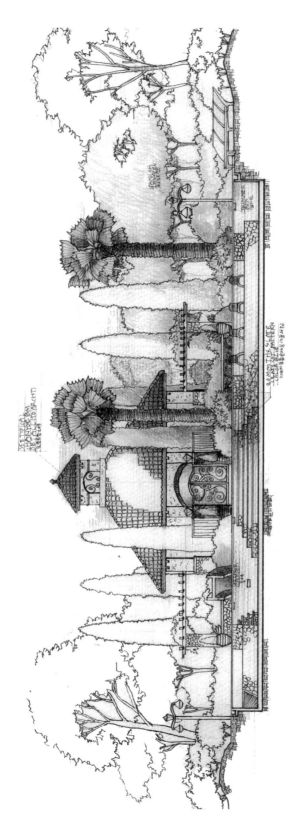

图4-5 李明伦绘

4.3 景观手绘平面图

在景观设计的方案阶段，平面是展现设计构思、空间规划的重要媒介。景观设计平面图一般分为总平面图及放大平面图。放大平面图一般用于深化设计或扩初设计阶段，以展现分区的详细设计。因此，总平面图及放大平面图是景观设计工作中经常需要绘制的。

4.3.1 景观手绘平面图的绘制方法与步骤

如图4-6，景观手绘平面图的定线阶段。这一阶段的绘图要点在于：首先，绘图者读图，要理清设计方案，明确建筑及其出入口、道路、景观构筑物、场地及铺装、植物空间等；其次，根据构图进行建筑定位，明确空间轴线，依据轴线绘制构筑物及场地轮廓线；最后，逐层深入。注意线条清晰、准确，并区分线型。

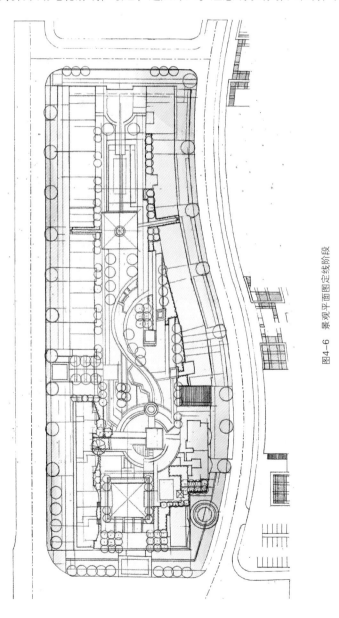

图4-6 景观平面图定线阶段

如图4-7，上色并最终完成设计总平面图的绘制。绘制较为复杂的景观总平面图需要注意分步骤并分类型进行。分步骤是指按照前面讲的上色三大步骤。分类型则要清楚地区分铺装、植物、水体及景观建构筑物等，将不同类型的景观要素对比统一于同一色系中，同时还要时刻把握好画面整体的色彩关系。

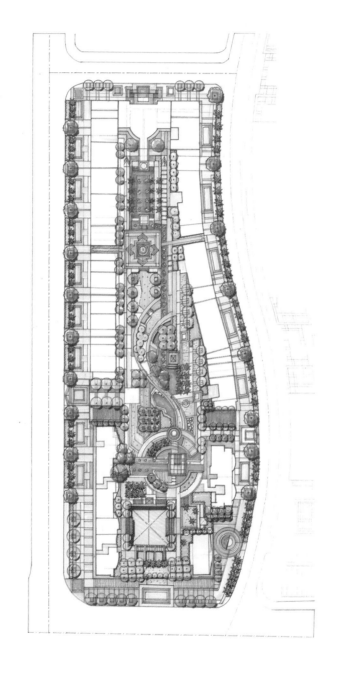

图4-7　景观平面图绘制完成稿　李冰倩绘

在不同类型景观要素的绘制中，常用色的选择与配比非常重要，是绘制景观平面图的关键。

4.3.2 景观手绘平面图优秀学生作品

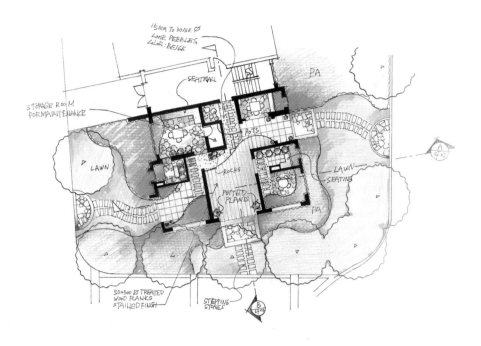

图4-8　付宇清绘

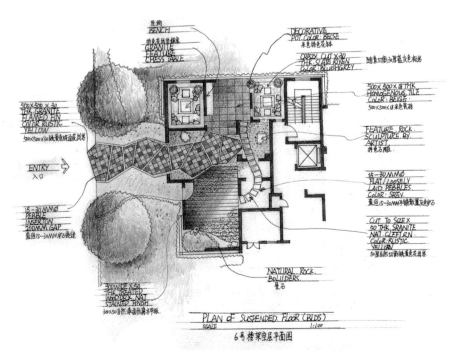

图4-9　段秀莲绘

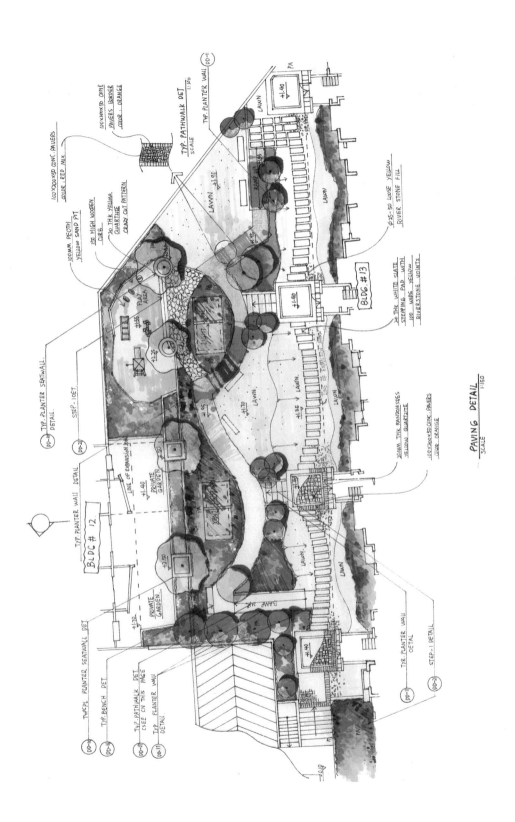

图4-10　张淇绘

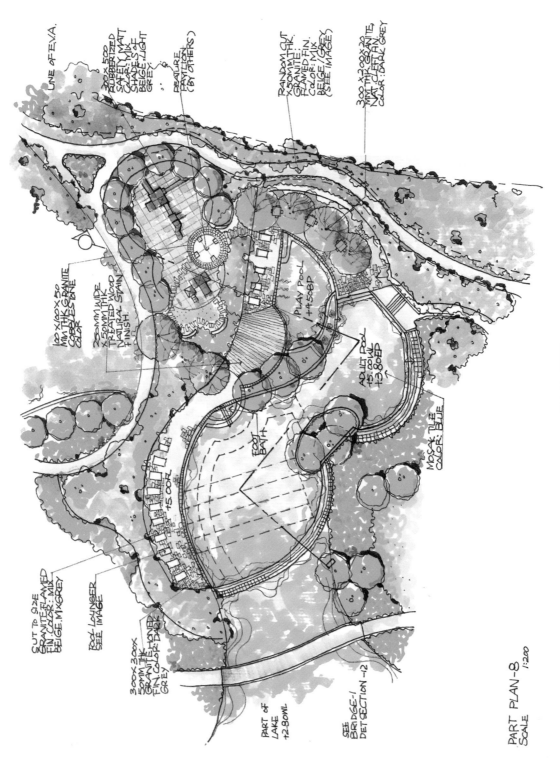

图4-11 张淇绘

图4-12　吴学峰绘

4.4 景观手绘透视图

4.4.1 风景素描训练及优秀案例

风景素描训练旨在抛弃技法而专注于景观物象、空间、体块刻画的基本功。利用简单的绘图工具深入刻画景物空间，以此建立对景观物象、空间、体块及结构的了解。

如图4-13，风景素描绘图的起稿阶段，应始终把握画面的整体感，建立整体空间构图并把握主景体块关系，在此基础上深入刻画，包括细节及细小体块关系。

图4-13 风景素描起稿

如图4-14，对比该作品素描起稿与完成稿，可见画面始终保持整体关系，而完成稿的刻画深度有了较大的跨越，透视、建筑形体、细节等的刻画都十分准确深入。

图4-14 风景素描完成稿 李冰倩绘

下面列举一些风景素描绘图的优秀学生作品（图4-15至图4-20）。

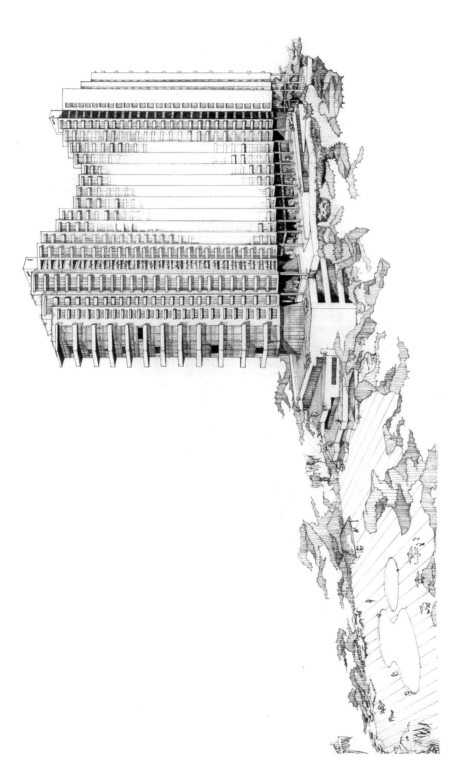

图4-15 风景素描训练1 尹艳淇绘

图4-16 风景素描训练2 尹艳淇绘

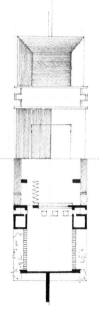

图4-17 风景素描训练 张馨月绘

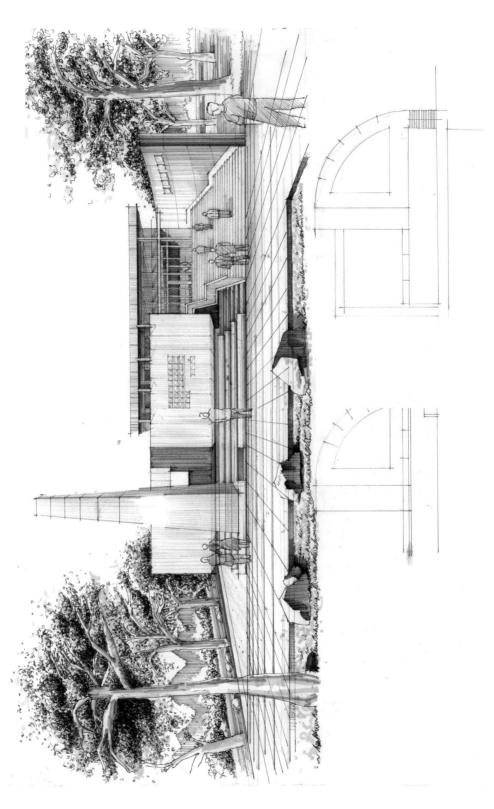

图4-18 风景素描训练 徐芳绘

图4-19 风景素描训练 李明伦绘

DESIGN FOR THE ZHENT MOUNTAIN VILI IN FOSHAN COUNTRY CLUB.

佛山别墅俱乐部振山庄设计

图4-20 风景素描训练 张淇绘

4.4.2 景观手绘透视图的绘制方法与步骤

如图4-21，景观手绘透视图的铅笔定稿阶段。这一阶段的绘图要点在于：首先，准确的透视非常关键；其次，始终抓住画面构图中心展开全幅；最后，线条的运用要清晰、准确，区分近景线、远景线与植物线，提炼出画面骨骼线。

如图4-22、图4-23，该作品的上色阶段。铺大色时首先应该寻找画面中大的色块关系，第一笔就要定下它们的明度、色相及色彩饱和度的关系，同时还要考虑材质的区分表现。在此基础上进一步刻画物形才有意义。

图4-21 景观手绘透视图案例1铅笔定稿

图4-22 景观手绘透视图案例1铺大色

图4-23　景观手绘透视图案例1完成稿　段秀莲绘

　　如图4-24、图4-25，作品以简洁清晰的线条表达设计主题空间，马克笔上色十分概括，因此画面效果清新，是一张马克笔快速表现的优秀作品。

图4-24　景观手绘透视图案例2铅笔定稿

图4-25　景观手绘透视图案例2完成稿　曾娟绘

　　如图4-26、图4-27，这幅临摹作品风格更加突出。线条流畅、锋利，速度感强，对于初学者来说具有一定的临摹难度。因此，临摹的关键在于透视的准确和清晰地表达结构，归根结底还是对表现内容的忠实刻画。

图4-26　景观手绘透视图案例3线稿

图4-27　景观手绘透视图案例3完成稿　马小田绘

　　如图4-28，居住区宅间花园鸟瞰图。绘制该图时在铅笔定稿阶段要首先确定建筑位置及空间轴线，以此展开整体空间的起、承、转、合关系，并以植物配合空间。

　　透视图的绘制，笔触的选择也尤为重要。如图4-29，该作品线条感极强，重点在于始终把握场地、植物、水体三者之间的大关系。为配合画面的整体风格，采取一种线条感十足的表现手段，而并不拘泥于某部分细节的刻画，画面的整体始终是最重要的。

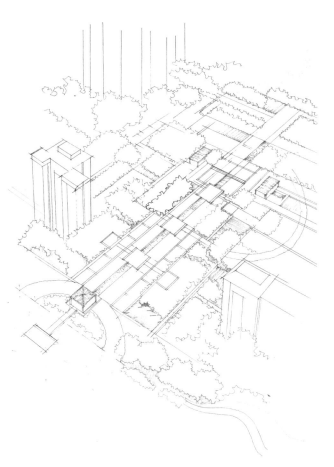

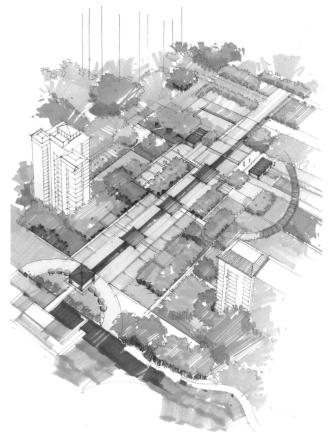

图4-28　景观手绘透视图案例4铅笔定稿　　　　　　　　　　图4-29　景观手绘透视图案例4完成稿　郑博文绘

4.4.3 景观手绘透视图优秀学生作品

图4-30 赵丽嫣绘1

图4-31 赵丽嫣绘2

图4-32 邹阳绘1

图4-33 邹阳绘2

图4-34 关贺允绘

图4-35 郭乐文绘

图4-36　刘倩绘

图4-37　相甜慧绘

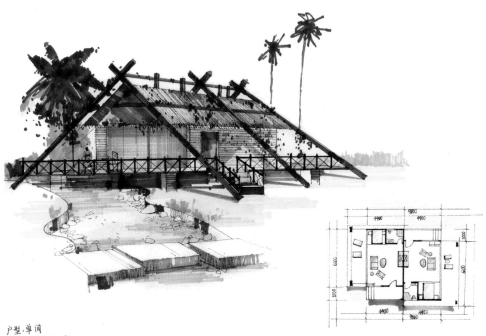

户型·单间
建筑面积：134M²
室内面积：2×32.3M²
阳台面积：2×34.7M²

图4-38 张淇绘1

图4-39 张淇绘2

第5章 景观设计手绘表现优秀案例

5.1 方案设计中的手绘表现

景观设计手绘表现不仅仅是指透视效果图，其范围极其广泛，甚至手绘的工作渗透在设计工作中的每一个环节。创意阶段的概念表达、概念设计中的分析图、方案草图、设计表现图、效果图均可以采用手绘表现的方式。并且，手绘表现具有快速、直观等优点。

下面列举一些概念图、分析图及方案草图手绘表现的优秀案例，供参考。

5.1.1 方案设计手绘分析图例举

如图5-1、图5-2，为成都某小区景观概念设计的系统分析图，以手绘表现的方式快速、直观且清晰地展现出设计思路。相比于电脑绘制分析图的形式更加轻松、活泼且具有设计感。

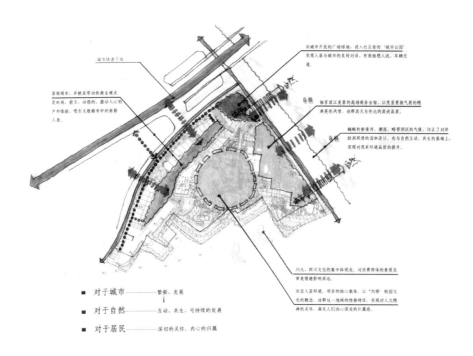

图5-1 成都某小区概念设计阶段的空间结构分析图 奥雅设计

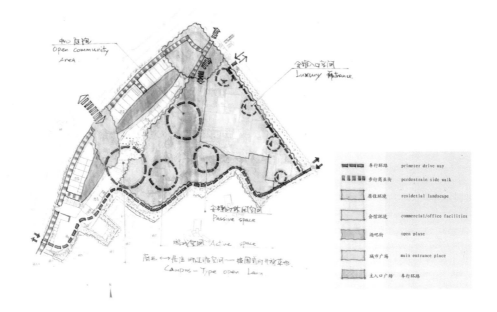

图5-2 空间形态分析图 奥雅设计

如图5-3、图5-4，为金地南京G13地块住区项目景观设计中的分析图，利用手绘的方式对项目基本条件进行分析说明，具有简洁、快速等优点。

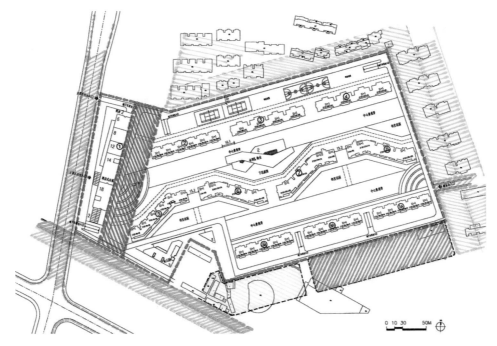

图5-3 金地南京G13地块住区与周边环境分析图 东大设计

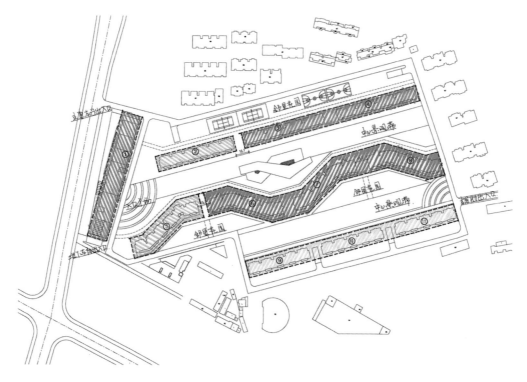

图5-4　金地南京G13地块住区建筑类型分析图　东大设计

如图5-5，为金地格林世界居住区项目景观设计文本中的空间结构及道路交通分析图，以手绘的方式表现，快速、直观。

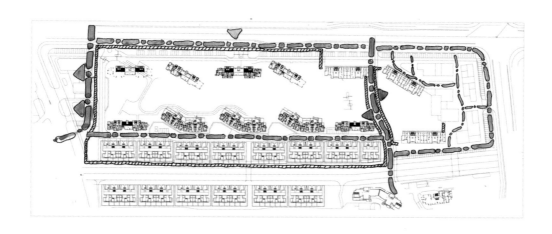

图5-5　金地格林世界四期交通流线分析图　东大设计

设计工作是一项耗费脑力的劳动，它的每一个环节都体现创意，而手绘又是和创意紧密联系的，是创意最迅速、最直接的表达。设计概念、分析图都需要思考创意性的表现方法，手绘可以最直接、迅速且直观地对设计创意进行表达（图5-6）。

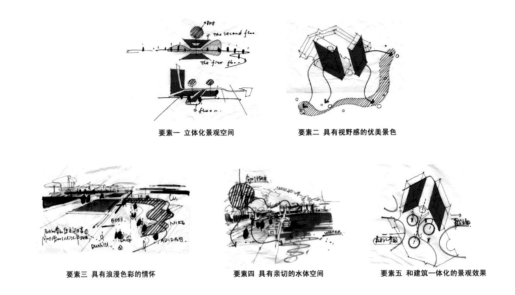

要素一　立体化景观空间　　　　　　　　　要素二　具有视野感的优美景色

要素三　具有浪漫色彩的情怀　　　要素四　具有亲切的水体空间　　　要素五　和建筑一体化的景观效果

图5-6　设计概念的手绘创意表达　田园设计

5.1.2 方案设计构思草图列举

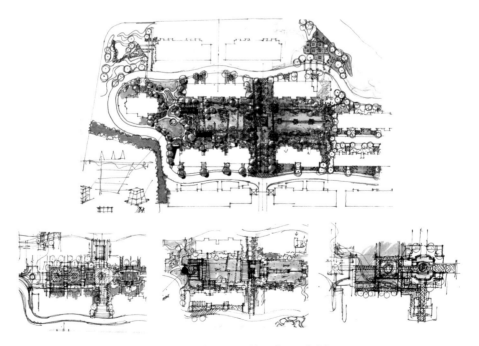

图5-7　宁波小城花园景观设计构思草图1　奥雅作品

图5-8　宁波小城花园景观设计构思草图2　奥雅作品

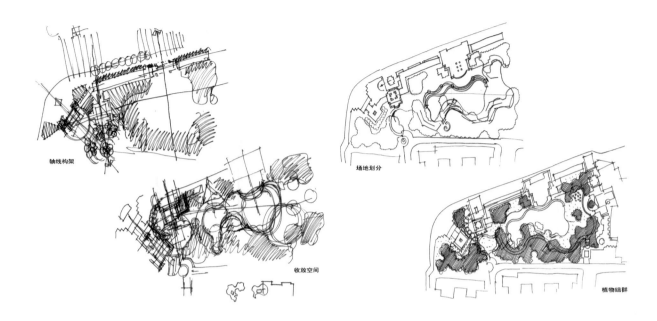

图5-9 北京清河雅舍景观设计方案草图　EDSA作品

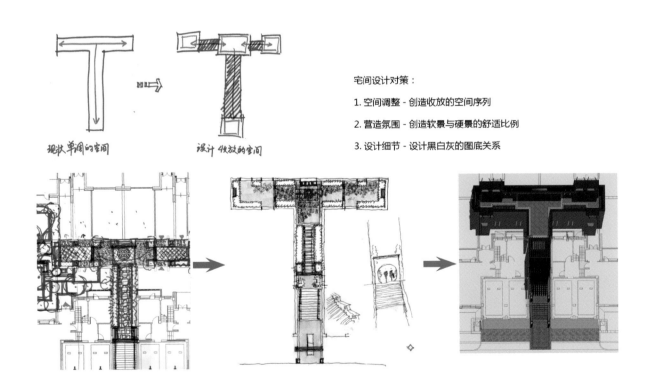

宅间设计对策：

1. 空间调整 - 创造收放的空间序列

2. 营造氛围 - 创造软景与硬景的舒适比例

3. 设计细节 - 设计黑白灰的图底关系

图5-10 沈阳格林生活坊住区设计方案草图　奥雅作品

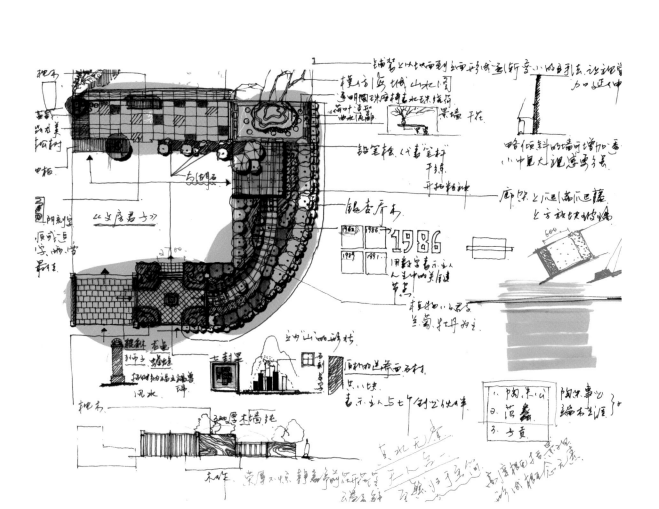

图5-11　某住宅庭院方案构思草图　田园设计

以上列举的是一些设计过程中构思草图的优秀案例（图5-7至图5-11）。手绘乃设计师的基本素养，可以最快捷地传达设计思想与设计意图，这也是我们学习手绘的根本目的。手绘服务于设计而不是表现，表现终究可以被其他手段所替代。手绘的最高境界为：心所想处即笔到之处！

5.2 景观手绘临摹选图

目前，网络上和各类教材中手绘作品众多，风格迥异，质量也参差不齐，往往使初学者感到困惑，甚至很多作品并不适合初学者临摹。下面选择一些优秀的景观手绘作品，适合初学者循序渐进地临摹学习，以打下坚实的手绘基础。

5.2.1 景观手绘立面选图

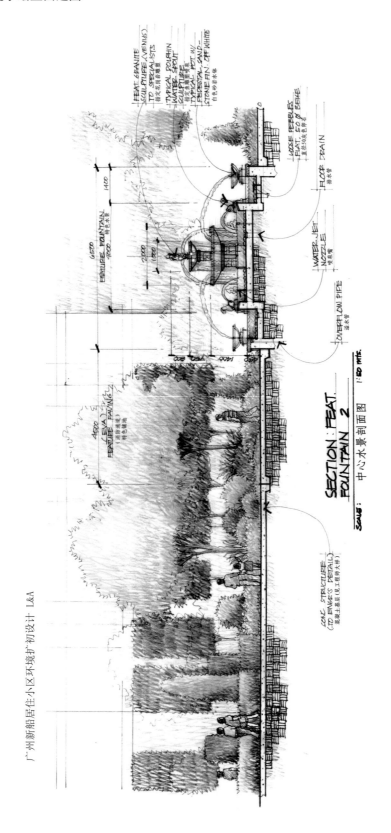

图5-12 景观手绘立面选图1

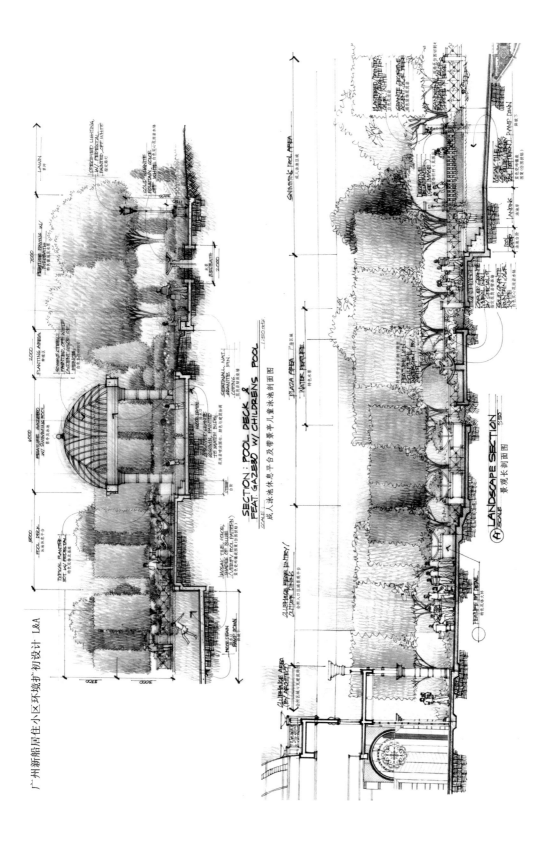

图5-13 景观手绘立面选图2

武汉“金色华府”环境扩初设计 L&A

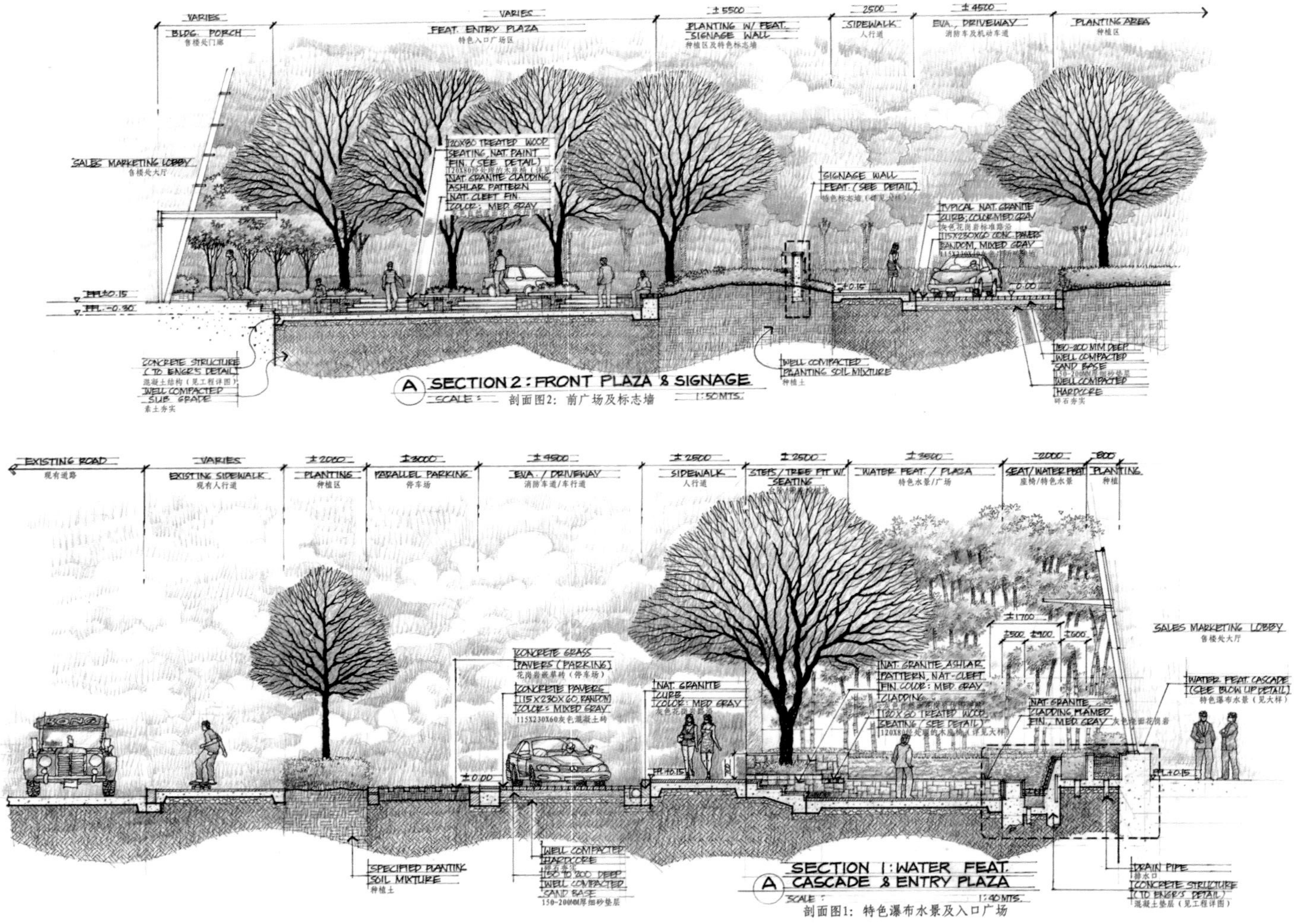

图5-14　景观手绘立面选图3

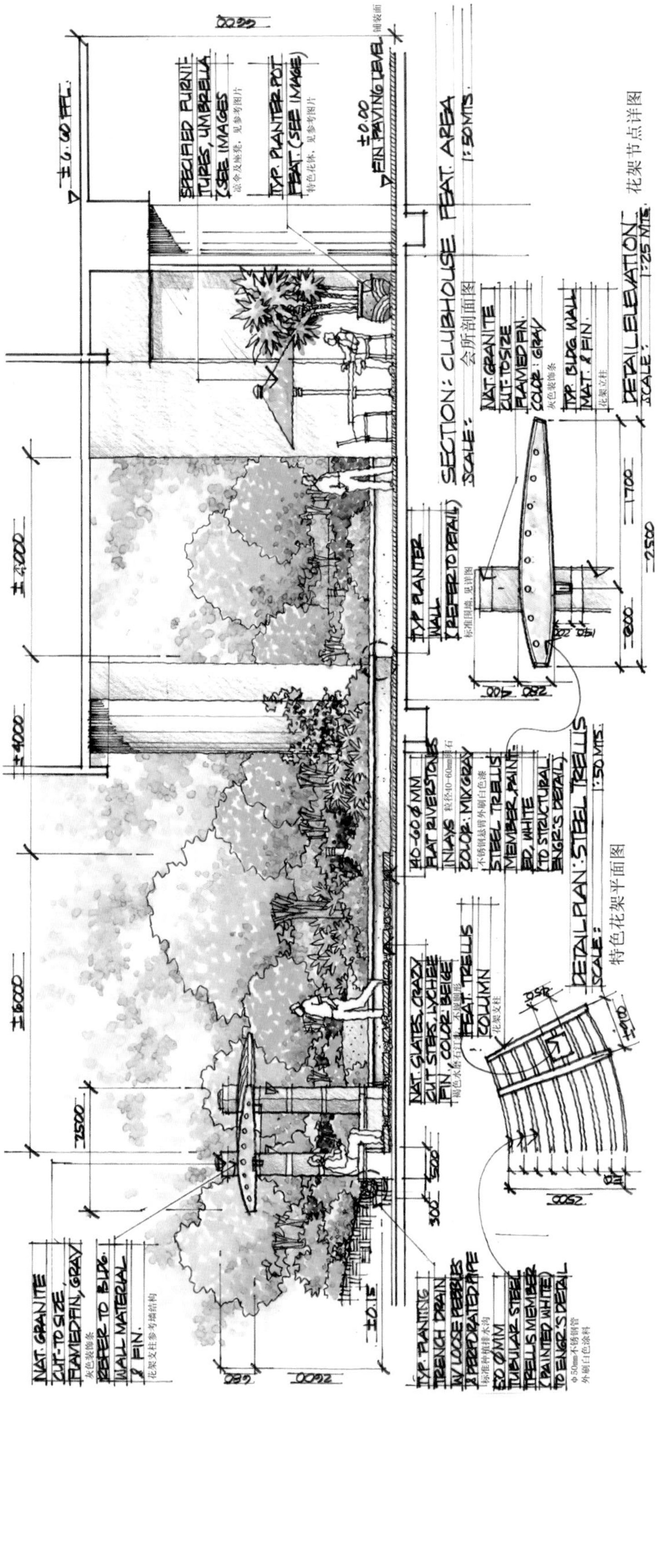

武汉"金色华府"环境扩初设计 L&A

NAT. GRANITE
CUT-TO-SIZE
FLAMED FIN, GRAY
REFER TO BLDG
WALL MATERIAL
& FIN.
灰色装饰条
花架支柱参考墙体结构

TYP. PLANTING
TRENCH DRAIN
V LOOSE PEBBLE
& PERFORATED PIPE
60 ∅ MM
绿化带排水沟
φ60mm碎石及穿孔管

NAT. GATES, CRAZY
CUT STEP, INCHES
FIN. COLOR BEIGE
FEAT. TRELLIS
COLUMN
特色水景汀步石
花架支柱

140-600 ∅ MM
FLAT RIVESTONES
规格140-600mm
INLAYS
COLOR: MIX GRAY
小面钢扁铜台砌砖
STEEL TRELLIS
STEEL TRELLIS
MEMBER, PAINT
ED WHITE
TO STRUCTURAL
ENGR'S DETAIL
钢结构漆，见详图

SPECIFIED FU2NITE
TURE, UMBRELLA
(SEE IMAGES)
命令及种类，见参考图片

TYP. PLANTER-POT
FEAT. (SEE IMAGE)
特色花盆，见参考图片

±0.00
FIN PAVING LEVEL 铺装地面

TYP PLANTER
WALL
(REFER TO DETAIL)

SECTION: CLUBHOUSE FEAT. AREA
会所剖面图
SCALE: 1:50 MTS.

NAT. GRANITE
CUT-TO-SIZE
FLAMED FIN.
COLOR: GRAY
灰色装饰条

TYP. BLDG WALL
MAT. & FIN.

DETAIL ELEVATION: 花架节点详图
SCALE: 1:25 MTS.

DETAIL PLAN: STEEL TRELLIS
特色花架平面图
SCALE: 1:50 MTS.

TYP. PLANTING
TRELLIS MEMBER
TUBULAR STEEL
PAINTED WHITE
TO ENGR'S DETAIL
φ50mm不锈钢管
外刷白色涂料

图5-15　景观手绘立面选图4

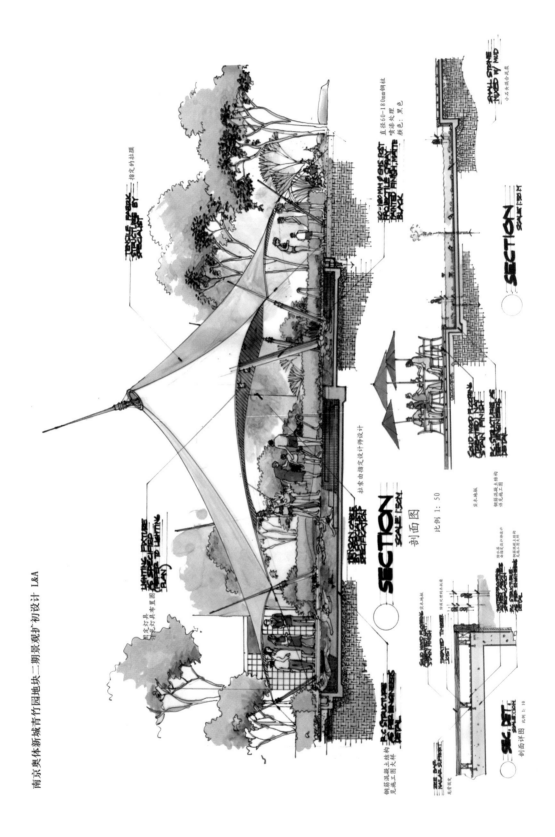

图5-16 景观手绘立面选图5

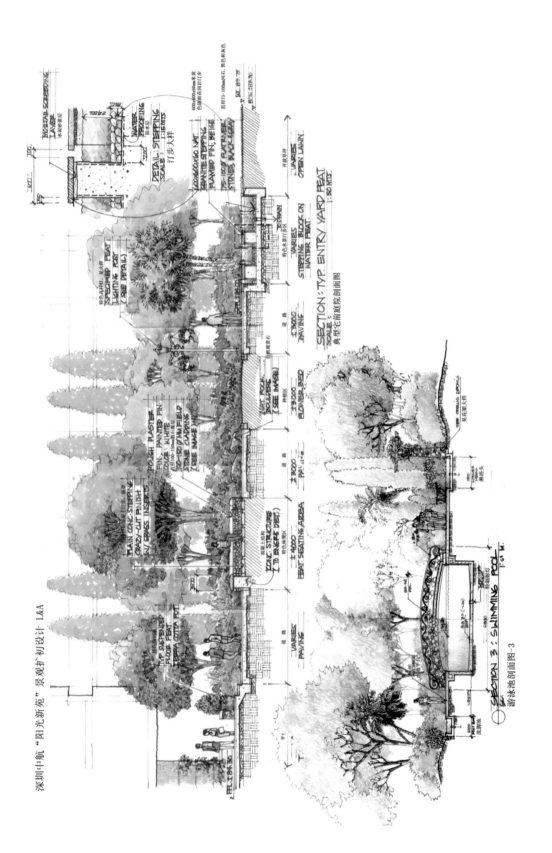

图5-17　景观手绘立面图选图6

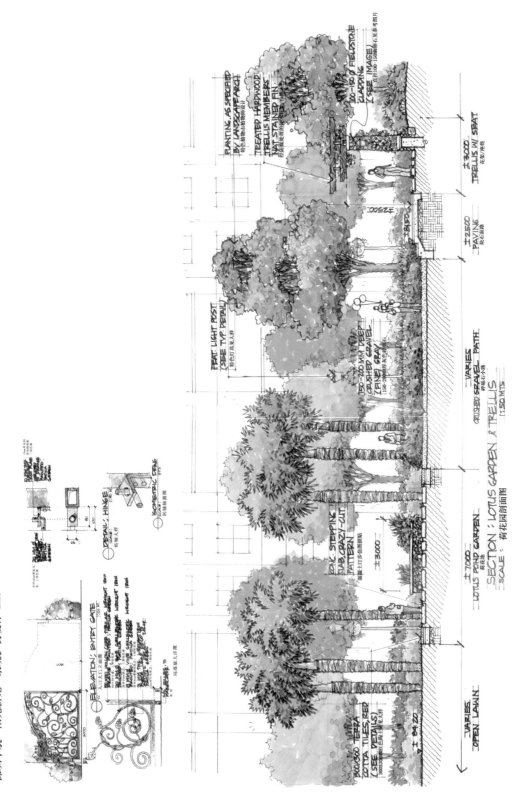

图5-18 景观手绘立面选图7

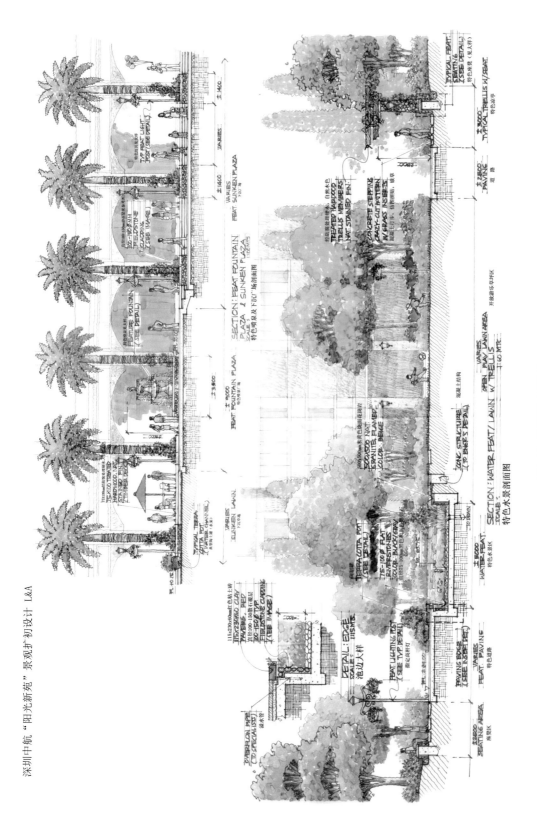

图5-19　景观手绘立面选图8

5.2.2 景观手绘平面选图

郑州绿城三期景观扩初 L&A

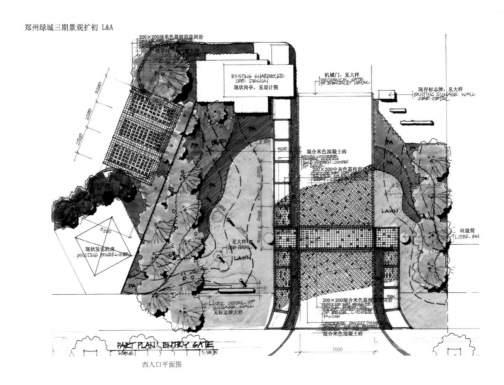

图5-20　景观手绘平面选图1

上海大华滨江雅苑二期环境扩初 L&A

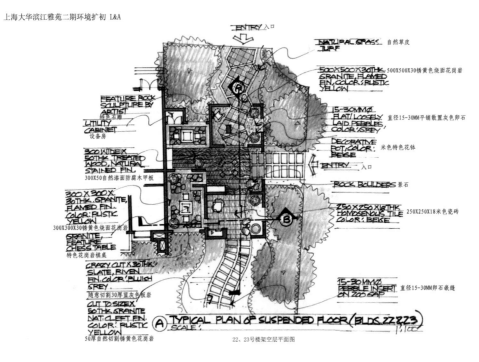

图5-21　景观手绘平面选图2

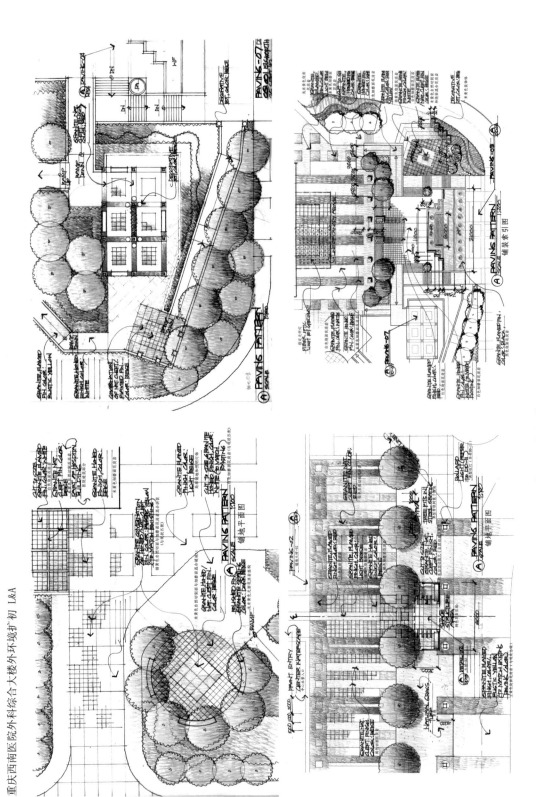

重庆西南医院外科综合大楼外环境扩初 L&A

图5-22　景观手绘平面图选图3

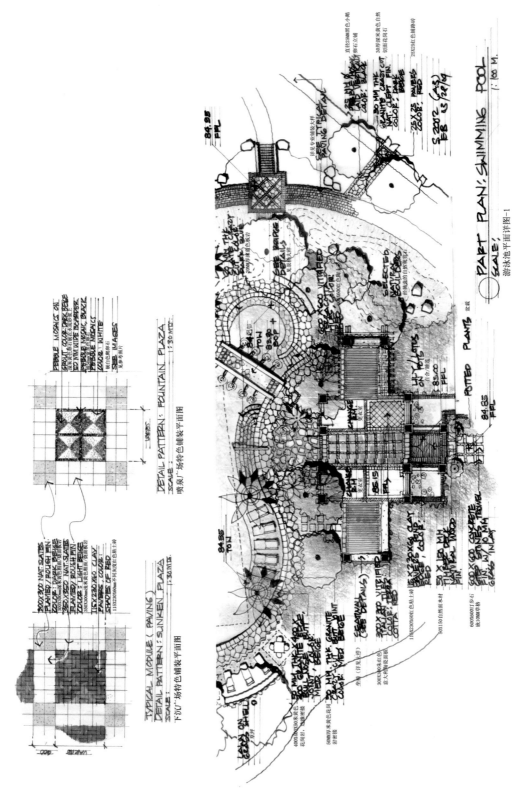

深圳 中航 "阳光新苑" 环境扩初 L&A

图5-23 景观手绘平面选图4

深圳中航"阳光新苑"环境扩初 L&A

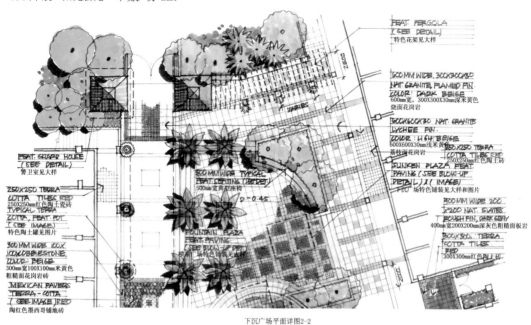

下沉广场平面详图2-2

图5-24　景观手绘平面选图5

深圳中航"阳光新苑"环境扩初 L&A

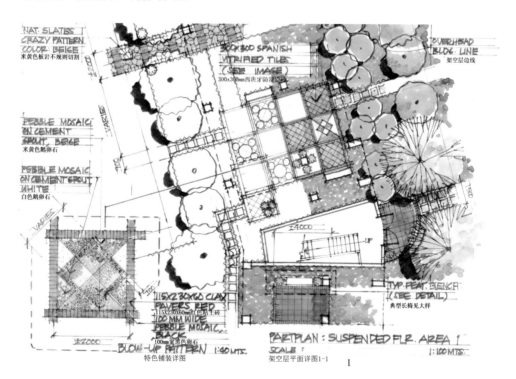

图5-25　景观手绘平面选图6

苏州市金河雅苑二期环境扩初 L&A

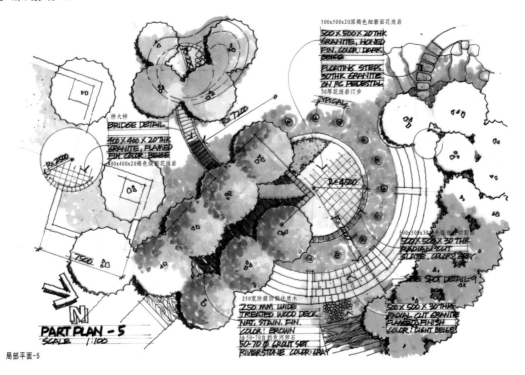

图5-26 景观手绘平面选图7

南京汤泉山河水别墅环境扩初 ATTRACTIONS

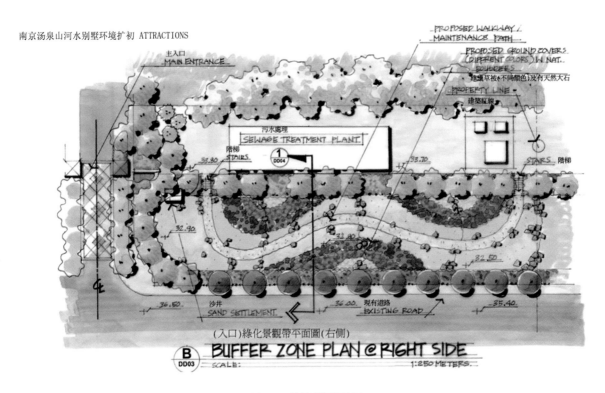

图5-27 景观手绘平面选图8

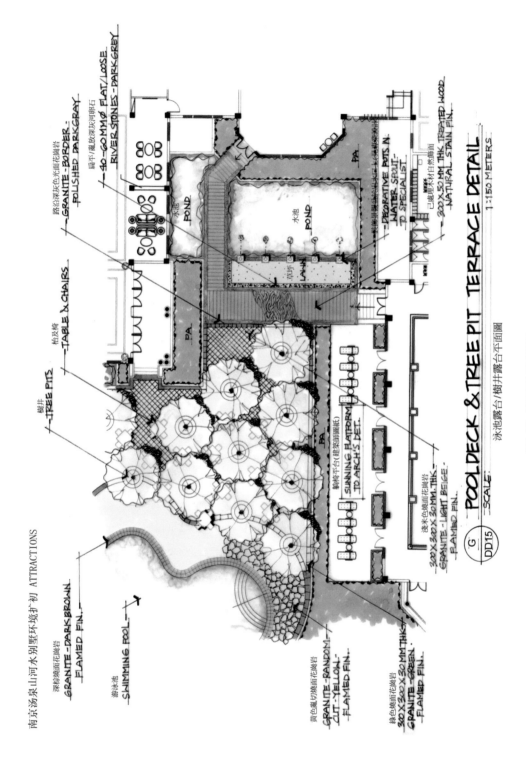

南京汤泉山河水别墅环境扩初 ATTRACTIONS

图5-28 景观手绘平面选图9

广州华景新城六期五区景观规划 L&A

Landscape Node 景观节点：

1. FEATURE ROTUNDA 特色环形广场
2. WATER PLATFORM 临水平台
3. AIRATION JETS 喷泉
4. WATER CASCADES WITH ROCKSCAPE 石景叠水
5. TRELLIS 花架
6. FOG GARDEN 多喷泉广场
7. CHILDREN'S PLAY AREA 儿童游乐场
8. INTERACTIVE WATER PLAY 旱喷广场
9. LAWN 草坪
10. RACKET COURT 网球场
11. FEATURE GAZEBO 景观亭
12. AMPHITHEATER 圆形剧场
13. GREAT WATER URN WITH LAWN 带特色水池的草坪
14. GARDENS OF COLOUR 七彩花园
15. SHADE GARDENS 架空层花园
16. ACTIVITY PATIO 活动场
17. FEATURE ENTRY PAVING 特色入口铺地
18. LILY POND 荷花池
19. GUARD HOUSE 值班室
20. SIDEWALK 人行道
21. RETAIL ARCADE 商业街
22. FOOD PATIO 美食广场
23. INFORMAL RELAXATION PLAZA 休闲广场
24. PUBLIC FOUNTAIN 公共喷泉

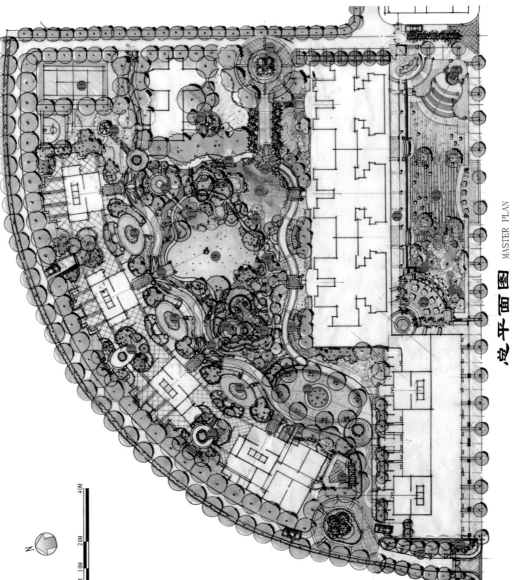

总平面图 MASTER PLAN

图5-29 景观手绘平面选图10

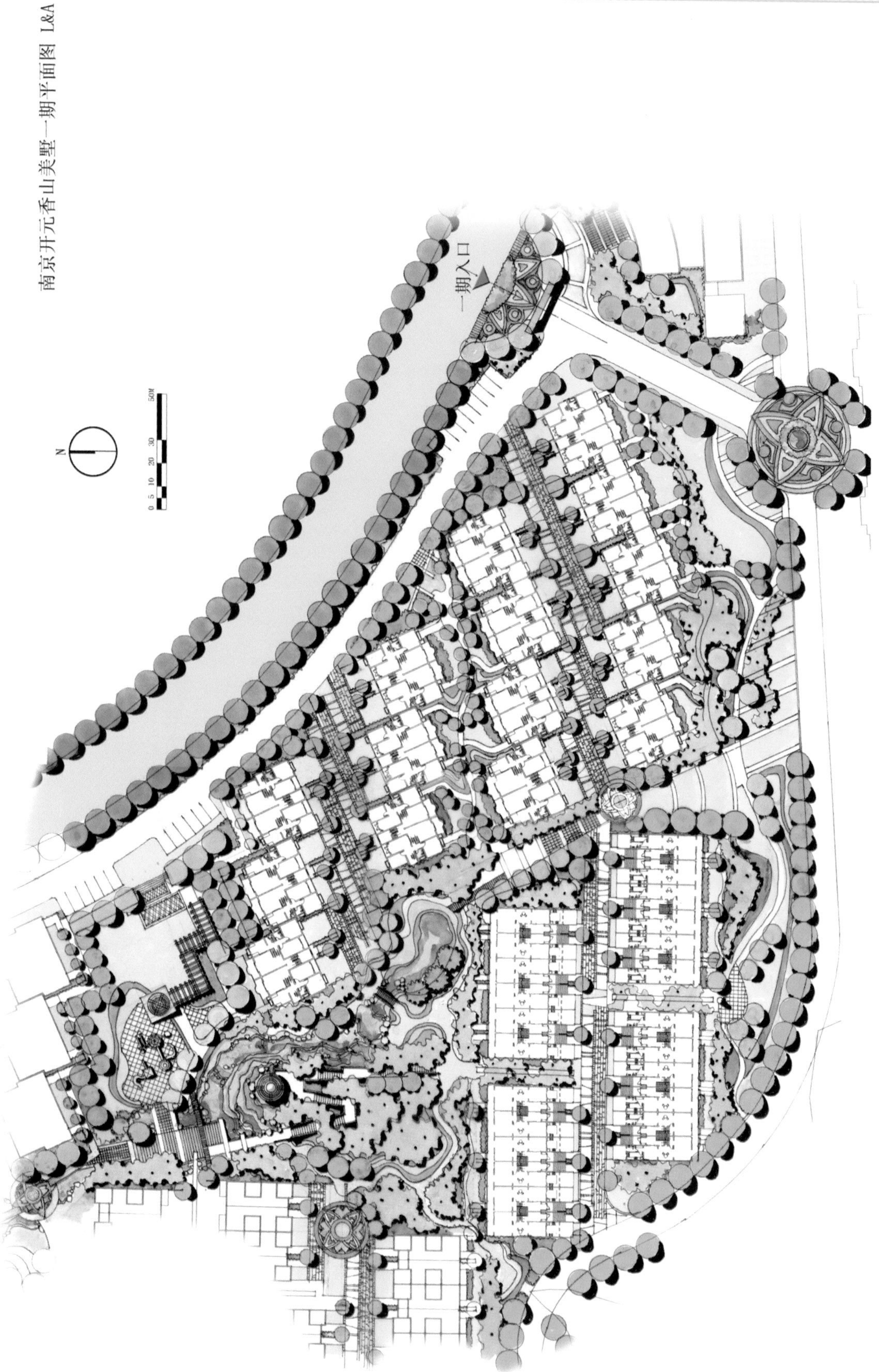

南京开元香山美墅一期平面图 L&A

一期入口▲

N

0 5 10 20 30 50M

图5-30 景观手绘平面选图11

特色景点：

1. 主入口
2. 岗亭
3. 入口大池
4. 特色雕塑
5. 观湖平台
6. 栈桥
7. 荷花池
8. 咖啡平台
9. 高赏
10. 小瀑布
11. 贸身水景
12. 贸水景墙
13. 临水台阶
14. 小泳台
15. 成人泳池
16. 换身池
17. 泳池平台
18. 木廊道
19. 弧形景墙
20. 景亭
21. 散步道
22. 微起高尔夫球场
23. 小溪流
24. 木平台
25. 次入口
26. 儿童活动场
27. 棋苑
28. 架空层花园
29. 生态停车场
30. 树阵广场

总平面图

苏州金河雅园景观设计 L&A

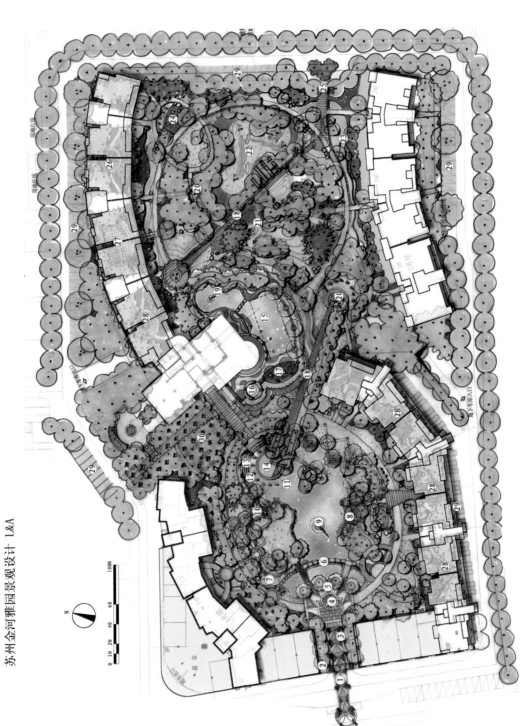

图5-31 景观手绘平面选图12

5.2.3 景观手绘透视图选图

图5-32　景观手绘透视图选图1　佚名

图5-33 景观手绘透视图选图2 佚名

图5-34 景观手绘透视图选图3 佚名

图5-35 景观手绘透视图选图4 佚名

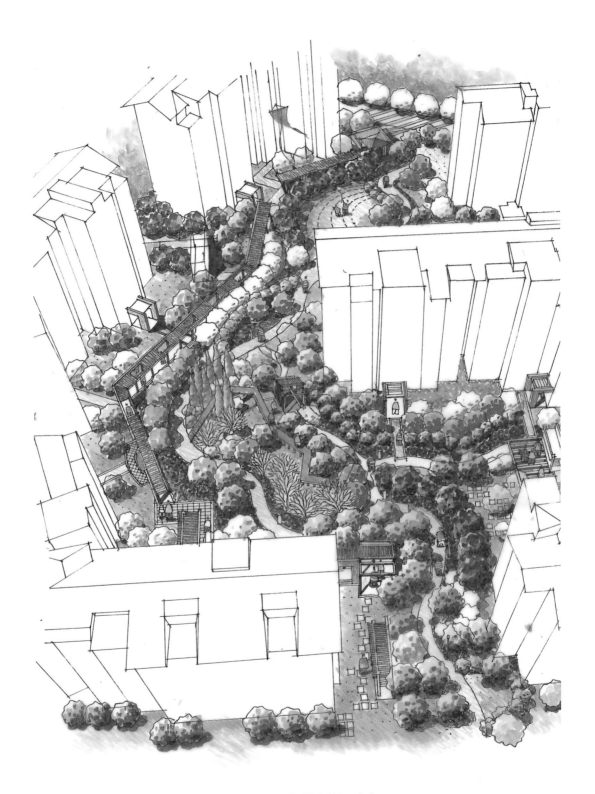

图5-36　景观手绘透视图选图5　黄群

图5-37　景观手绘透视图选图6　张杰

图5-38　景观手绘透视图选图7　张杰

图5-39 景观手绘透视图选图8 张杰

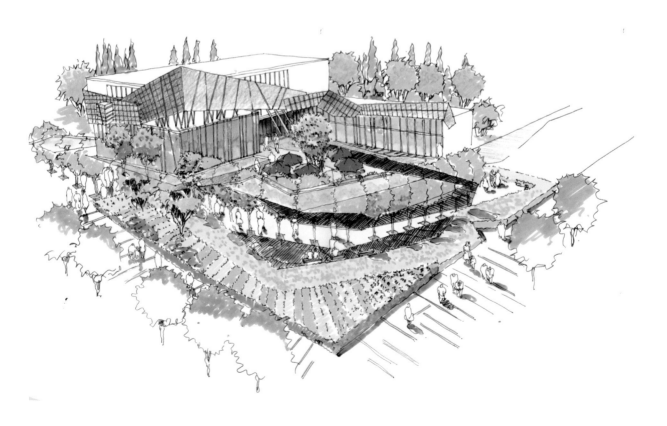

图5-40 景观手绘透视图选图9 张杰

图5-41 景观手绘透视图选图10 张杰

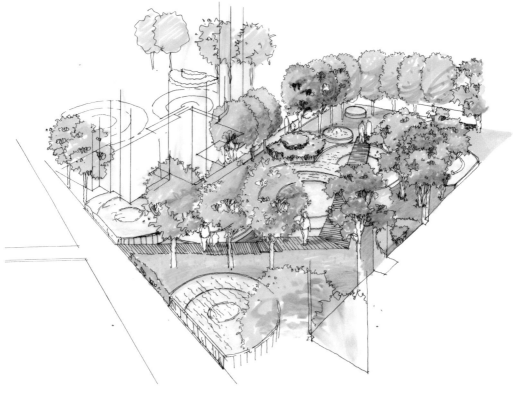

图5-42 景观手绘透视图选图11 张杰

图5-43 景观手绘透视图图选图12 张杰

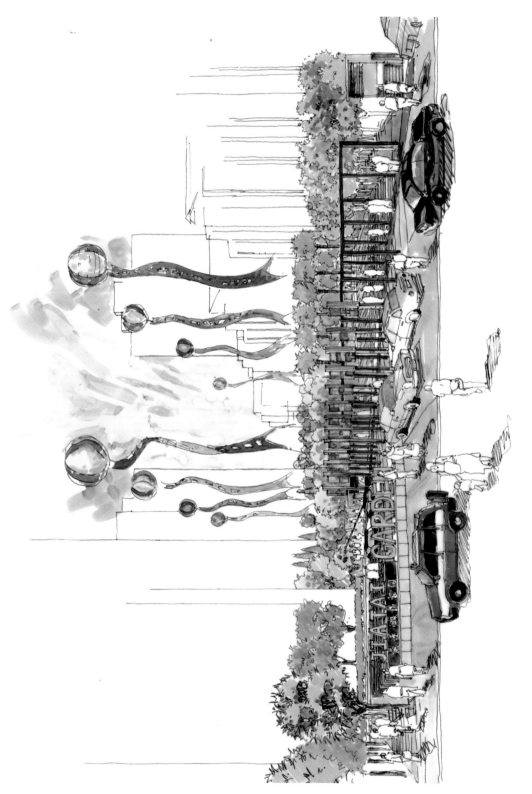

图5—44　景观手绘透视图选图13　张杰

图5-45 景观手绘透视图选图14 白松辰

图5-46 景观手绘透视图选图15 尹航

图5-47 景观手绘透视图选图16 尹航

图5-48　景观手绘透视图选图17　黄群

图5-49　景观手绘透视图选图18　尹航

图5-50 景观手绘透视图选图19 佚名

图5-51 景观手绘透视图选图20 佚名

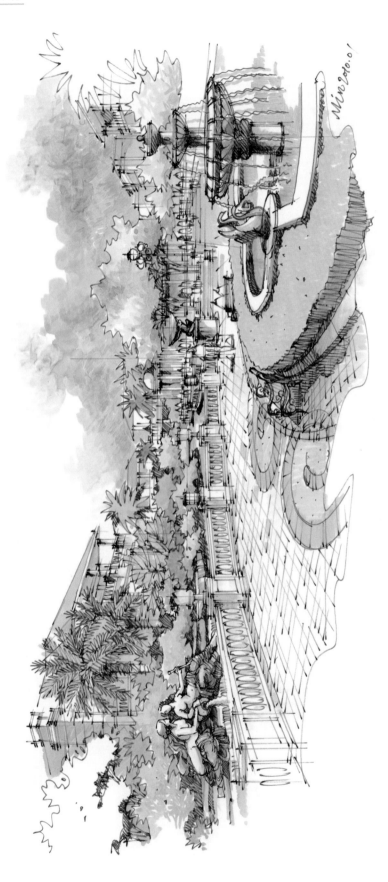

图5-52 景观手绘透视图选图21 佚名

图5-53 景观手绘透视图选图22 佚名

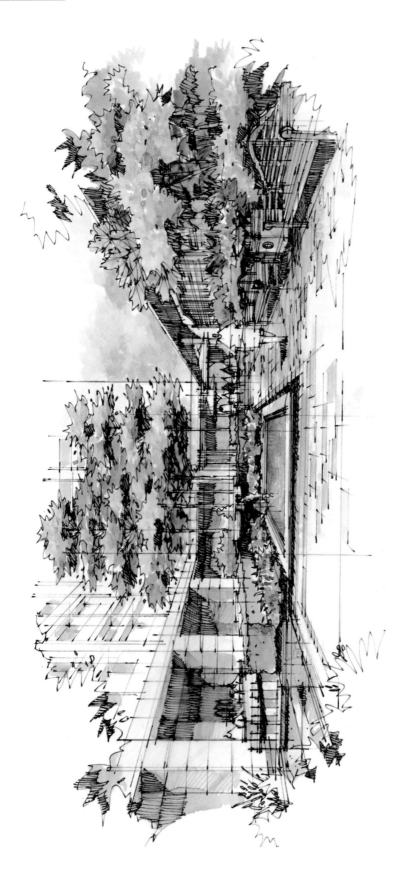

图5-54 景观手绘透视图选图23 佚名

图5-55　景观手绘透视图选图24　佚名

参考文献

[1] 赵虎. 梁思成建筑画——中国著名建筑师画系[M]. 天津：天津科学技术出版社，1996.

[2] （美）Gordon Grice. 建筑表现艺术[M]. 天津：天津大学出版社，2000.

[3] 恩刚. 绘画设计透视学[M]. 哈尔滨：黑龙江美术出版社，2001.

[4] 张汉平，种付彬，沙沛. 设计与表达[M]. 北京：中国计划出版社，2004.

[5] 周丽霞. 室内设计创意与表现[M]. 北京：清华大学出版社，2013.